中国地质大学(武汉)实验教学系列教材
中国地质大学(武汉)实验教材项目资助(SJC-202009)

流域非点源模型(SWAT)实验指导书
LIUYU FEIDIANYUAN MOXING(SWAT) SHIYAN ZHIDAOSHU

主　编　王永桂
副主编　林子宜　杨水化　许　静　郭琰琪　张睿茜

图书在版编目(CIP)数据

流域非点源模型(SWAT)实验指导书/王永桂主编. —武汉:中国地质大学出版社,2023.9
中国地质大学(武汉)实验教学系列教材
ISBN 978-7-5625-5691-6

Ⅰ.①流… Ⅱ.①王… Ⅲ.①水文模型-实验-高等学校-教学参考资料 Ⅳ.①P334-33

中国国家版本馆 CIP 数据核字(2023)第 210349 号

流域非点源模型(SWAT)实验指导书				王永桂 主编
责任编辑:王 敏	选题策划:毕克成 张晓红 王凤林 陈 琪			责任校对:张咏梅
出版发行:中国地质大学出版社(武汉市洪山区鲁磨路388号)				邮政编码:430074
电 话:(027)67883511	传 真:(027)67883580		E-mail:cbb@cug.edu.cn	
经 销:全国新华书店			http://cugp.cug.edu.cn	
开本:787 毫米×1 092 毫米 1/16		字数:179 千字		印张:7
版次:2023 年 9 月第 1 版		印次:2023 年 9 月第 1 次印刷		
印刷:湖北睿智印务有限公司				
ISBN 978-7-5625-5691-6				定价:26.00 元

如有印装质量问题请与印刷厂联系调换

前　言

非点源污染作为当今对水生态环境威胁最大的因素正受到各国科学家和政府管理部门的重视(Wang et al.,2012)。非点源污染是指在自然降水和径流的冲刷、淋溶作用下,溶解态或固态污染物(包括泥沙、养分、细菌、需氧物质、重金属、微量有机物等)从非特定地点经过径流过程汇入受纳水体引起的水体污染。相比点源污染排污口单一、污染来源容易识别的特征,非点源污染的来源非常广泛,具有随机性、分散性、隐蔽性、不确定性和模糊性等特点,不易被确定和治理(Schuol et al.,2008;李凯等,2022;王磊等,2017)。非点源污染对农业生产、水资源、水生生物、水生生物栖息地和流域水文特征均有着严重影响,如:增加水体富营养化程度,破坏水生生物的生存环境;淤积水体,降低水体的生态功能;严重威胁地下水;污染饮用水源,威胁人体健康等(贺缠生等,1998)。

非点源污染物来源广泛,这是造成其治理难度加大的主要因素之一。按照污染来源区域的不同,非点源污染源一般分为城镇未收集生活源、农村生活源、农业种植源、水产养殖源、畜禽养殖源、地表径流源等类别(丁洋等,2020)。这些污染来源分布广泛且分散,污染负荷空间分布差异性较大,因此评估非点源污染的动态变化,解析其来源,是非点源污染研究的重要工作,对水环境质量管理具有重要意义。经过几十年的发展,对非点源污染的研究方法已经从简单的野外监测法、人工模拟试验法发展到非点源污染模型法,污染模拟精度不断提高(黄国如等,2011)。非点源污染模型已成为实现流域非点源污染综合管理必不可少的工具及未来发展的趋势。

非点源污染模型是应用数学方法定量描述流域系统及其内部污染发生过程,识别污染的来源及迁移路径,核算分析非点源污染负荷及其对水体造成的影响,从而为流域规划与污染控制管理提供决策支持。根据模型建立的途径和所模拟的过程,非点源污染模型通常可分为经验统计型模型和机理型模型(张丽娜等,2023)。经验模型大多采用产/排放系数、输出系数、流失系数和相对污染物入河浓度计算河流最终污染负荷量,在描述污染物释放后与环境之间的交互作用上具有局限性,难以描述污染物迁移的路径与机理,量化结果与实际入河量存在偏差,较难核算污染物的实际入河负荷量,使得这类模型的进一步应用受到了较大的限制。机理模型综合考虑非点源污染的水文、侵蚀和污染物迁移过程,模拟效果更好,且受时空限制小,受到广泛应用(Lin et al.,2022)。比较常见的机理模型有CREAMS、EPIC、ANSWERS、SWAT、AGNPS、HSPF、MIKESHE等。

在机理模型中,SWAT模型(soil and water assessment tool)是一套最能反映流域水循环过程及污染物输移机制的分布式流域非点源模型(Wang et al.,2019)。在非点源营养物质模拟、泥沙模拟和管理措施评价等方面得到了广泛应用(王林雯,2019)。相比其他模型,SWAT模型在水文水质模拟研究中主要有以下优点:①能够在监测数据资料相对缺乏的区域建模;

· I ·

②运算效率高,对于大面积流域或者多种管理决策进行模拟时不需要耗费过多的时间和资源;③无论从数据要求还是模拟原理方面更具有优越性,模型中多子模块涵盖了污染物从河网至流域出口迁移的全部关键过程,包括土地利用变化、污染物负荷、土壤侵蚀和泥沙释放,表明利用 SWAT 模型可对流域内非点源氮、磷等营养元素的运移进行综合观测与模拟;④连续时间模型,能够进行长期的模拟;⑤模型开源,前处理和后处理支撑较好;⑥社区完善,具有稳定持续的更新优化和技术支持。

对于地理科学、环境科学、水文水资源等专业领域的学生和科研人员来说,掌握一套广泛使用的非点源模型十分必要。因此,本书将重点介绍非点源模型中的典型代表 SWAT 模型,在简要描述原理的基础上,重点阐述 SWAT 模型的实验操作过程,着重讲述困扰广大用户的 SWAT 土壤数据库构建过程,为流域非点源污染负荷的时空分布模拟及评估提供技术支持。

SWAT 原理复杂、模型功能强大、操作实验内容丰富,笔者的研究水平有限,本书重在抛砖引玉,书中难免存在不足之处,敬请各位读者批评指正。为收集读者的建议,并为读者提供相关问题的解答服务,读者可以加入 SWAT 实验指导 QQ 群:701031202。

编者
2023 年 9 月

目 录

第一章　SWAT 模型原理 ……………………………………………………（1）

　第一节　SWAT 模型概述 …………………………………………………（1）

　第二节　SWAT 模型原理 …………………………………………………（2）

第二章　ArcSWAT 操作指导 …………………………………………………（5）

　第一节　ArcSWAT 版本 ……………………………………………………（5）

　第二节　ArcSWAT 操作要领 ………………………………………………（5）

第三章　土壤数据库的构建 ……………………………………………………（95）

　第一节　土壤空间数据 ………………………………………………………（95）

　第二节　土壤属性数据 ………………………………………………………（95）

　第三节　数据库参数获取 ……………………………………………………（97）

主要参考文献 ……………………………………………………………………（104）

第一章 SWAT 模型原理

第一节 SWAT 模型概述

SWAT 模型是 SWRRB 模型的直接产物,融合了美国农业研究局的 CREAMS、GLEAMS 和 EPIC 模型的特征,在 SWRRB 模型的基础上结合 ROTO 模型的河道演算模块以及 QUAL2E 模型的内河动力模块得到。SWAT 模型具体的发展历史如下:美国农业部在 1973 年开发出了基于过程的田间尺度非点源污染模型,用于模拟土地管理措施对田间水沙和营养物质输移的影响;1980 年对其完善后又开发出 CREAMS 模型,使之能模拟存在多种土壤和地面覆盖且管理措施复杂的流域(Dash,2021)。随后研究人员开发了模拟侵蚀过程对作物产量影响的 EPIC 模型、模拟地下水携带杀虫剂和营养物质的 GLEAMS 模型以及基于 DEM 的单元暴雨径流非点源污染模型 AGNPS。1985 年美国农业部修改 CREAMS 模型的日降雨水文模块,合并 CREAMS 模型的杀虫剂模块和 EPIC 模型的作物生长模块,增加天气发生器,开发出以日为时间步长的 SWRRB 模型,对流域径流的考虑更加精细(Shi et al.,2017)。20 世纪 80 年代末,估计洪峰流速的 SCS 曲线、土壤侵蚀公式与河道水质模型 QUAL2E 以及用于模拟河道汇流的 ROTO 模型加入 SWRRB 模型,最终发展成为 SWAT 模型(Zhang et al.,2021)。

SWAT 模型自发布至今,经历了多次重要的改进,已发布的版本主要有 SWAT94.2、SWAT96.2、SWAT98.1、SWAT99.2、SWAT2000、SWAT2005、SWAT2009、SWAT2012 等(Tan et al.,2020)。每一次版本升级都是基于模型的应用效果和用户反馈,对模型组件的重要改进和功能的扩展及完善,同时也体现了国际上运用 SWAT 模型进行水环境模拟的进展以及水文模型研究领域的重要成果(张佳等,2016)。如 94.2 版引入了多个水文响应单元;96.2 版增加了 CO_2 循环、彭曼公式、土壤水侧向流动、营养物质和杀虫剂运移模块;98.1 版对融雪演算和水质模拟进行了改进,增加了放牧、施肥排水等管理措施选项;99.2 版增加了城市径流平衡;2000 版增加了细菌传输模块、Green-Ampt 渗流计算方法和马斯京根汇流演算方法,改进了天气生成器,提供了 3 种潜在蒸发量计算方法,模拟水库数量不再受限制;2003 版增加了敏感性分析和自动率定与不确定分析模块,敏感性分析采用 LH-OAT 法进行,从而使模型兼有了全局分析法和局部分析法二者的长处;2005 版改进了细菌传输过程模拟,增加了天气预报情景模拟和半日(subdaily)降雨发生器(金鑫,2005);2009 版改进了细菌运输程序,增加了天气预报情景,添加了半日降水发生器,每日 CN 计算中使用的保留参数可能是土壤含水量或植物蒸发蒸腾量的函数,更新了植物滤带条模型。目前最新的版本为 SWAT 2012

版,提供了 ArcSWAT、QSWAT 3 和 SWAT-CUP 等工具,相比先前版本,SWAT 2012 版更加稳定,扩展性更强。

第二节　SWAT 模型原理

SWAT 模型在运行过程中牵涉到大量的中间变量(1301 个)和方程(701 个),其模拟计算主要分为两个模块(李峰等,2008):一是地表子流域/HRUs 演算过程,该过程将流域细化为多个子流域和 HRUs,控制着径流、泥沙和氮磷营养物质以及杀虫剂等物质的输出量,包括水文、气象、泥沙、土壤、耕作管理、营养物质、农药/杀虫剂、作物生长 8 个组件;二是河道水文计算过程,该过程主要是对河道径流进行模拟计算,它反映了流域径流、泥沙和氮磷营养物质以及杀虫剂等物质在河网和流域之间迁移转化运动的过程,包括了河道汇流计算和蓄水体(水库、堰塘、湿地等)汇流计算 2 个组件。子流域/HRUs 计算过程如图 1-1 所示。

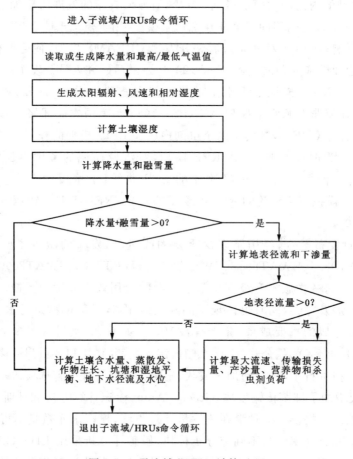

图 1-1　子流域/HRUs 计算过程

从原理上来说,SWAT 模型可以分为水文模拟、土壤侵蚀和污染负荷 3 个子模块,涵盖了蒸散发、降水、地表径流、地下径流以及河道汇流等过程(Chen et al.,2023)。

一、水文模拟

水文模拟指由降水形成的地表径流汇入河道的全过程。地球水文循环联系着大气层、岩石圈、生物圈和人类圈之间的相互作用,深受人类活动和社会经济发展的影响(Yang et al.,2021)。水文循环的过程包括水文循环陆地产流、坡面流和河网汇流(Liu et al.,2022)。水文模拟包括冠层蓄水、下渗、重新分配、蒸散发、壤中流、地表径流、池塘、支流河道、输移损失、地下径流等过程,如图 1-2 所示。

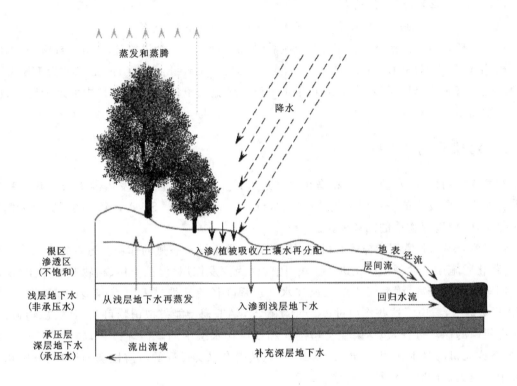

图 1-2 SWAT 水文模拟

降水落到地面有 3 个去向:①形成地表径流;②下渗;③经过植被、地面及水面的蒸散发。当降水落到干燥土壤的表面时,此时下渗作用占据主导,土壤中的水分由于极大的下渗率而快速增加。随着土壤水分的增加,下渗率逐渐降低至小于降水强度时,开始填洼,地面洼地被填满后,地表径流随之产生。

模型主要采用 SCS 曲线方程对地表径流进行估算(Wang et al.,2019),主要公式如下:

$$Q_s = \frac{(R_d - I_a)^2}{(R_d - I_a + k)} \qquad (2-1)$$

式中:Q_s 表示地表累积径流量,mm;R_d 表示某天的雨深,mm;I_a 表示初损量,mm;k 表示滞留系数。

二、土壤侵蚀

土壤侵蚀是土壤在风力、重力以及流水等外力作用下发生位移的过程(Xu et al.,2016),当外力减弱或受阻时发生沉积。SWAT模型中土壤侵蚀模块主要涉及降水和地表径流所产生的侵蚀作用而导致的土壤流失现象的模拟。降水发生时,地表漫流冲蚀表层松软土壤,地表形成细小沟壑。土壤颗粒随细沟不断汇集进入支流,或沉积于支流,或被流水裹挟汇入干流河道(陈丹等,2015)。模型中土壤侵蚀的估算采用了改进的通用土壤流失方程(USLE)(Santos et al.,2020),其计算式为

$$Q_d = 11.8(Q_s \cdot q_p \cdot S_h)^{0.56} \cdot K \cdot C \cdot P \cdot LS \cdot K' \qquad (2-2)$$

式中:Q_d 为某天的产沙量,t;Q_s 为地表径流总量,mm/hm²;q_p 为洪峰流量,m³/s;S_h 为 HRU 的面积,hm²;K 为 USLE 中的土壤可侵蚀因子 0.013t·m²·h/(m³·t·cm);C 为 USLE 中土地覆盖与管理措施因子;P 为 USLE 中水土保持措施因子;LS 为 USLE 中的地形因子;K' 为粗糙度因子。

三、污染负荷

营养物负荷的模拟包括了营养物在水文过程及土壤侵蚀过程中发生的消减转化过程和营养物在土壤中发生的一系列生化循环过程(Sun et al.,2015)。SWAT模型的污染负荷模块中主要包括氮、磷等物质的循环模拟。

针对氮,SWAT模型能描述有机氮、氨氮、硝氮等不同形态氮的作用。氮首先会通过动植物残留、化肥施用等途径被固化进入土壤,同时因为挥发作用、侵蚀作用、植物吸收作用、反硝化作用等与土壤分离,附着于土壤的氮在水文过程随径流迁徙进入河道(陈岩等,2016)。在SWAT模型中,考虑了这些作用过程。针对磷,SWAT模型能模拟植物可利用磷、矿物磷、腐殖质有机磷的循环过程,包括磷在土壤剖面和浅层含水层中的磷循环过程,如矿化、分解、固磷、淋溶或无机磷吸附作用(Sun et al.,2015)以及磷在水文过程的可溶性磷的输移、有机磷在河道中以及无机磷吸附泥沙的输移等过程。

说明:关于SWAT模型的原理,本书仅进行简要的介绍,对于更加详细的内容,读者可以进入SWAT官网(https://swat.tamu.edu/)进行查阅,也可以持续关注本团队即将推出的关于SWAT模型原理详细介绍的研究成果。

第二章 ArcSWAT 操作指导

第一节 ArcSWAT 版本

一、AcrcGIS 兼容性

ArcSWAT 是 SWAT 模型在 ArcGIS 平台上的扩展模式,它作为一个扩展模块嵌入 ArcGIS 中,是一个 SWAT 模型的图形化用户界面,包括流域划分、水文响应单元定义、气象站点定义、ArcSWAT 数据库、输入参数、情景管理和模型运行等几个模块(张雪松等,2022)。需要的基本输入数据包括数据高程模型(DEM)、土地利用现状图、土壤类型图、水系图、降水气象资料等(杜娟等,2016)。截至 2023 年 9 月,ArcSWAT 的最新版本为 ArcSWAT 2012.10.26,该版本与 ArcGIS10.10.0 – 10.8 兼容。用户需要注意的是,在安装新版本之前,要卸载以前任何版本的 ArcSWAT。

二、SWAT2012 可执行程序

SWAT2012(rev. 688)是一个使用文本输入和输出的可执行程序,包括 Windows 版本和 Linux 版本,它与 ArcSWAT2012.10.26 打包在一起。如果用户会 Fortran 编程,可以在官网下载该版本的 SWAT2012.exe 文件和相关源代码进行编译。

第二节 ArcSWAT 操作要领

ArcSWAT 的基本操作可参照 SWAT 官网,用户也可以参考由 Winchell 等编写、邹松兵等翻译的《ArcSWAT2009 用户指南》,ArcSWAT2012 与 ArcSWAT2009 在操作方法和步骤上无较大差异。笔者对 ArcSWAT 操作过程中的关键问题,尤其是我国学者使用 ArcSWAT 时容易遇到的问题进行了阐述。

说明:本书中所阐述的 ArcSWAT 的操作,适用于 Windows 平台。

一、ArcSWAT 的安装

安装之前,确保电脑没有 ArcSWAT 以前的任何版本,且有与将安装的 ArcSWAT 版本相应的 ArcGIS 新版本,并安装了所有的服务包。

(一)安装步骤

第一步,安装 SWAT2012。

在"ArcSWAT_Install_2012"文件夹中,双击"setup.exe"程序,出现图 2-1 所示的对话框,点击"确定",开始安装。

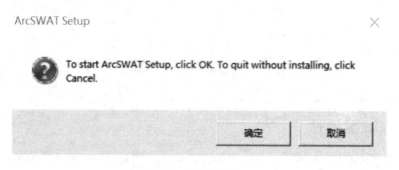

图 2-1 提示框

第二步,安装信息提示。

出现图 2-2 所示对话框,对话框中显示安装提示信息,点击"Next"。

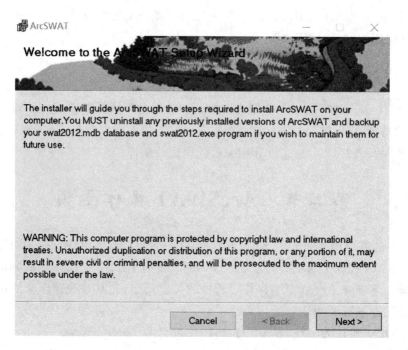

图 2-2 ArcSWAT 安装向导对话框

第三步,同意用户许可协议。

弹出图 2-3 中的"License Agreement"对话框,选择"I Agree",点击"Next"。

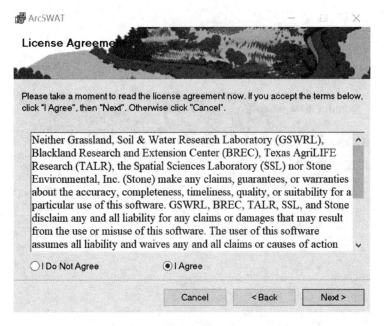

图 2-3　安装许可对话框

第四步，选择安装路径。

出现图 2-4 所示安装文件夹对话框，选择安装目录，默认文件夹 C:\Program Files(x86)\ArcSWAT\。选择"Everyone"或"Just me"。点击"Next"。

注意：确保安装文件夹可写入，因为一些在该文件中的 SWAT 数据库，将通过 ArcSWAT 软件访问编辑。

图 2-4　选择安装文件夹对话框

第五步,确认安装。

点击"Next",确认安装,如图 2-5 所示。

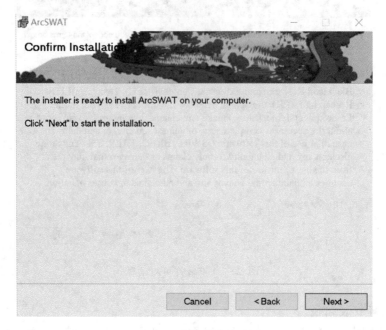

图 2-5　确认安装对话框

点击"Next",安装 ArcSWAT,如图 2-6 所示。

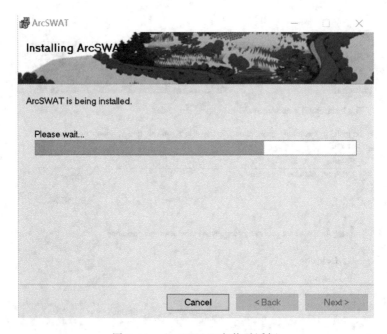

图 2-6　ArcSWAT 安装对话框

第六步,完成安装。

安装完成时,点击"Close",结束过程,如图 2-7 所示。

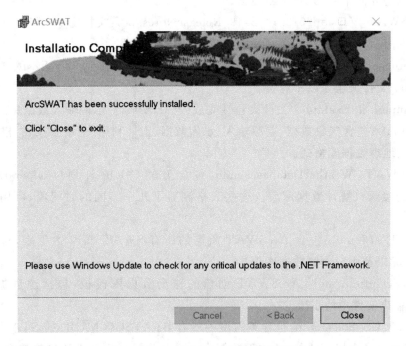

图 2-7　ArcSWAT 安装完成对话框

(二)文档介绍

通过查看 ArcSWAT 安装目录,安装程序创建的 ArcSWAT 文件夹包含以下内容:SWAT2012.exe 程序、ArcSWAT 软件使用的代码库以及 ArcSWAT Help 文件夹、Databases 文件夹、用于显示地图图层的 ArcMap 图层文件的 LayerFiles 子文件夹等(图 2-8)。

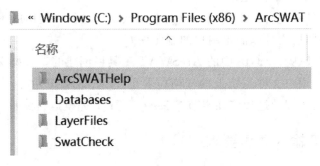

图 2-8　ArcSWAT 一级安装目录

ArcSWAT Help 文件夹中包含以下文档。

(1)ArcSWAT_Documentation_2012.pdf:包含 ArcSWAT2012 全部帮助文档,当用户需

要帮助时,可以从 ArcSWAT 界面访问这一文档。

(2)ArcSWAT_FAQ.pdf:文档记录了大多数常见问题的答案,包括安装、数据输入格式以及可能遇到的界面错误,并且不断更新。

(3)ArcSWAT_Version2012.10_2.19_ReleaseNotes.pdf:文档随 ArcSWAT 发行的新版本一起更新,并包含当前版本的更新说明,包括已知的局限性。

(4)differences_between_613_and_620.pdf:说明了 613 版本到 620 版本的变化。

Databases 文件夹包含以下内容。

(1)Example1 和 Example2 文件夹包括完成的 ArcSWAT 示例输入数据集。

(2)ExInputs:包含气象数据、点源输入、水库数据、土地利用/土壤查找表,格式为 dDase、文本以及个人地理数据库格式。

(3)ArcSWAT_WeatherDatabase.mdb:包含美国 COOP 计划(Cooperative Observer Program)的月度天气统计数据库表。这些表格涵盖了几个不同的时间段,可用于评估气候变化。

(4)SWAT2012.mdb:包含 ArcSWAT 所需的所有 SWAT 2012 数据表,包括作物数据库、耕作数据库以及用户土壤数据库等。

(5)SWATOutput.mdb:ArcSWAT 创建的输出数据库模板,包括源数据表,说明了 SWAT 主要输出文件中的字段。

(6)SWAT_US_Soils.mdb:包含美国境内所有 STATSGO MUID 的 STATSGO 土壤参数表,每个州有一个表格。此外,此地理数据库包含全美国的 STATSGO 栅格数据集,以及一个全美国 500 m 分辨率的 STATSGO 土壤 MUID 栅格。

(7)SWAT_US_Soils.idb:包含连接到 SWAT_US_Soils.mdb 数据库的美国 STATSGO 土壤栅格文件。

(8)SWAT Text Database File:存储 SWAT 模拟需要的".dat"数据库文件。".dat"文件表示 SWAT2012.mdb 数据库中相同数据库表的文本格式。当用户使用 ArcSWAT 界面编辑数据库表时,此数据库中的".dat"文件随之更新。在 ArcSWAT 界面运行 SWAT 模型时,".dat"文件将在运行模型之前被复制到当前 SWAT 工程中。

"LayerFiles"文件夹包含 ArcSWAT 界面在流域划分过程中使用的图层文件。如果用户需要,可以修改这些图层文件以满足用户的制图偏好。

ArcSWAT 工程是从 ArcGIS 中的 ArcSWAT 工具栏创建的。只要文件夹位置具有完全读/写权限,就可以在用户文件系统上的任何位置创建 ArcSWAT 项目。启动 ArcSWAT 扩展模块并创建一个新工程的过程将在本节"三、ArcSWAT 完整运行流程"中介绍。

二、ArcSWAT 输入数据要求

要创建 SWAT 数据集,需要访问 ArcGIS 兼容的栅格(GRID)和矢量数据集(Shapefile 和 Feature Class),以及提供有关流域的某些类型信息的数据库文件。在运行扩展模块之前,需要准备必要的空间数据集和数据库文件。可以在示例数据集中查看每种不同类型的空间数据集和表的示例。

(一)必需的 ArcSWAT 空间数据集

建立 SWAT 模型需要 3 组关键数据:地形数据[数字高程模型(DEM)]、土地覆盖/土地利用数据和土壤数据。这些数据必须设定相同的坐标系,且必须为投影坐标系。

1. 地形数据[数字高程模型(DEM)]

格式需为 ESRI GRID 格式。在准备 DEM 数据的过程中,需要注意以下数据及单位。

(1)DEM 的高程值为整型或实数型,GRID 分辨率的单位与高程的单位可以不一致。例如 GRID 的分辨率以米计,而高程可以英尺计。

(2)GRID 分辨率的单位必须定义为米、公里、英尺、码、英里、十进制度。

(3)高程单位必须定义为米、厘米、码、英尺、英寸。

2. 土地覆盖/土地利用数据

格式可以为 ESRI GRID、Shapefile 或 Feature Class 等。在土地覆盖/利用地图中的类型需重分类为 SWAT 土地覆盖/植被类型。重分类有 3 个选项。

(1)第一个选项是运用 ArcSWAT 中的土地覆盖/利用查找表,包括 SWAT2012.mdb 数据库中的 USGS LULC 和 NLCD 查找表,该表定义了模拟 USGS LULC 或 NLCD 土地利用的不同 SWAT 土地覆盖/植被类型。

(2)第二个选项是加载土地覆盖/土地利用图后,输入各类的 4 位 SWAT 土地覆盖/植被类型代码。

(3)第三个选项是创建一个土地覆盖/利用图的 4 位 SWAT 代码的用户查找表,查找表的格式见本节中"(三)ArcSWAT 表格和文本文件"部分。

3. 土壤数据

格式可以为 ESRI GRID、Shapefile 或 Feature Class 格式,需要将土壤图中的土壤类别链接到软件中的土壤数据库(仅为美国土壤数据)或用户土壤数据库。用户土壤数据库是一个定制数据库,存储不包括在美国土壤数据库中的土壤数据。将土壤图链接到美国土壤数据库有 4 个选项。

(1)第一个选项是运用 STATSGO 多边形(MUID)代码。STATSGO 代表美国州土壤地理数据库(Statesoil Geographic Database),包括全美国的土壤信息,STATSGO 的 3 位代码的前缀必须为相应州的 2 位数字代码(2 位数字代码在附录 2 中列出)。对于每个多边形,土壤数据库包含了多边形内所有土相的数据。选择"Stmuid"选项时,运用多边形中的主要土相数据进行地图分类。"Stmuid+Seqn"选项中,用户可指定 MUID 代码和土壤的序列号,选择 MUID 中非主要土相的土壤。例如如果 Seqn 设为 3,将运用第 3 种最常见土相的数据来表示地图单元。"Name+Stmuid"选项中,可通过名称指定 STATSGO 多边形内的土壤系列,软件运用土壤系列的主要土壤相数据表示地图类。

(2)第二个选项是通过 SoilsSID 代码将土壤图链接到数据库。选择"S5id"选项时,运用所指定土壤系列的数据表示地图单元,但需要安装全美国的土壤数据库。

(3)第三个选项是运用用户土壤数据库中的土壤数据时,选择"Name"。创建工程之前,输入 SWAT 土壤文件(.sol),或将各地图类的土壤数据人工输入到用户土壤数据库。各地图类的"Name"为用户土壤数据库中的土壤名称。

最后,重分类地图类通过人工输入,或者加载包含所列信息的查找表。本节在"(三)Arc-SWAT 表格和文本文件"汇总了用于定义土壤信息的查找表的格式。

ArcSWAT 空间数据集的投影方式不限(但所有地图的投影方式必须相同)。创建新工程时,需确认投影类型及投影设置。

(二)可选的 ArcSWAT 空间数据集

1. DEM Mask

格式需为 ESRI GRID、Shapefile、Feature Class 格式。软件中可在 DEM 上叠加一掩膜层,将区域划分为 0(无数据)区域和大于 0 区域两类,流域划分时不处理 0 值的 DEM 栅格区域。

2. Streams

格式需为 Shapefile 或 Feature Class 格式。线状 Shapefile 或 Feature Class 格式的河流可叠加到 DEM 上。在地形起伏不大的区域栅格 DEM 无法准确获取河流的位置时,需要河流数据集。

3. User-Defined Watersheds

格式需为 Shapefile 或 Feature Class 格式,为流域划分选项之一。选择此项,必须添加用户定义的河流。流域和河流在几何图形上必须保持一致,每个子流域只有一个河流要素。子流域出口定义为距河流终点较近的上游处,河流终点位于流域边界上。

用户定义的流域文件中的必需字段如表 2-1 所示,数据集只须包含必需的字段。此外,"Subbasin"ID 必须从 1 开始,依次排序。

表 2-1 流域文件中的必需字段

字段名	字段格式	说明
GRIDCODE	整型	子流域 ID 号的整型数,必须唯一
Subbasin	整型	子流域 ID 号的整型数,必须唯一,与 GRIDCODE 的值相等

4. User-Defined Streams

格式需为 Shapefile 或 Feature Class 格式。当运用用户定义的流域时必须输入用户定义的河流,流域和河流在几何图形上必须保持一致,每个子流域只有一个河流要素。子流域出口定义为距河流终点较近的上游处,河流终点位于流域边界上。河流文件中必须包括河网的拓扑字段"FROM_NODE"和"TO_NODE"。ArcSWAT 不检查拓扑错误,可能导致所开发的模型结构中的错误。

用户定义流域文件的必需字段如表 2-2 所示。与用户定义的文件一样,该数据集只须包含必需字段。

表 2-2 流域文件的河流必需字段

字段名	字段格式	说明
ARCID	整型	河流 ID 号的整型数必须唯一
GRID-CODE	整型	河流所属子流域 ID 号的整型数必须唯一,这与用户流域数据集中的 GRIDCODE 值相等
FROM_NODE	整型	河流的 FROM_NODE 必须对应河流起点所在流域的 GRIDCODE
TO_NODE	整型	河流的 TO_NODE 必须对应河流终点所在流域的 GRIDCODE
Subbasin	整型	与 FROM_NODE 的 ID 号相同
SubbasinR	整型	与 TO_NODE 的 ID 号相同

(三)ArcSWAT 表格和文本文件

1. Subbasin Outlet Location Table

此表为 dBase 表,用来指定更多的子流域出水口位置(如河流测站位置)。当观测或实测数据与 SWAT 模拟结果对比时,建议通过导入该表格来输入子流域出水口的位置。数据导入格式如表 2-3 所示。

表 2-3 观测或实测数据导入格式

字段名	字段格式	说明
XPR	浮点型	定义投影中的 X 坐标(m)
YPR	浮点型	定义投影中的 Y 坐标(m)
LAT	浮点型	纬度(十进制)
LONG	浮点型	经度(十进制)
TYPE	1 个字符的字符串	"0"代表子流域出水口

注意:仅子流域出水口输入"0"值。

2. Watershed Inlet Location Table

此表为 dBase 表,用于指定点源和流域的排水系统入水口位置。导入格式如表 2-4 所示。

表2-4 点源和流域的排水系统入水口导入格式

字段名	字段格式	说明
XPR	浮点型	定义投影中的 X 坐标（m）
YPR	浮点型	定义投影中的 Y 坐标（m）
LAT	浮点型	纬度（十进制）
LONG	浮点型	经度（十进制）
TYE	1个字符的字符串	"D"代表点源 "I"代表排水系统入水口

注意：仅点源用"D"表示，排水系统入水口用"I"表示。

3. Land Use Look Up Table

此表可为 dBase 表或逗号隔开的文本表格式，用于指定栅格土地利用图中各类 SWAT 土地覆盖/植被代码或 SWAT 城镇土地类型代码。此表可人工输入，不是必选项。土地利用查找表的第一行必须包含字段名，其余行存储所需数据。可在随附的数据集中找到示例土地使用查询表。其中，dBase 表导入格式如表2-5 所示，ASCII 表导入格式见土地利用查找文件示例。

表2-5 dBase 表土地类型代码导入格式

字段名	字段格式	说明
VALUE	字符串	地图类的编码
LANDUSE	4个字符的字符串	相应的 SWAT 土地利用或城镇代码

ASCII 土地利用查找文件的示例如下。
"Value","Landuse"
1,RNGE
2,PAST
3,FRSD
4,WATR
5,AGRL
6,URBN

注意：土地利用查找表的示例见\Installation dir\Databases\Example1\luc.dbf；个人地理数据库（Personal Geodatabase）（.mdb）表的格式；土地使用查找表的 PGDB 表格式与 dBase 格式相同。一般地，\Installation dir 为 C:\SWAT\ArcSWAT 路径。

4. Soil Look Up Table

此表可为 dBase 表或逗号隔开的文本表格式，用于指定栅格土壤图中所模拟的土壤类型，其格式取决于土壤数据与土壤图的链接选项，该表的格式会有所不同。可以人工输入相关信息,不是必选项。土壤查找表的第一行必须包含字段名,其余行存储所需数据。

按照选项划分,"Stmuid"选项包含2个字段,如表2-6所示。

表2-6 "Stmuid"选项下土壤类型导入格式

字段名	字段格式	说明
VALUE	字符串	地图上土壤类的编码
STMUID	5个字符的字符串	5位编码:1~2位是州的数字代码;3~5位是STATSGO多边形编码

"S5id"选项包含2个字段,如表2-7所示。

表2-7 "S5id"选项土壤类型导入格式

字段名	字段格式	说明
VALUE	字符串	地图上土壤类的编码序号
S5ID	6个字符的字符串	土壤系列SOIL.S.5数据的6个字符的α数字代码

"Name"选项包含2个字段,如表2-8所示。

表2-8 "Name"选项下土壤类型导入格式

字段名	字段格式	说明
VALUE	字符串	地图上土壤类的编码
NAME	字符串(最多30个字符)	土壤名称。输入名称必须对应于用户定义的土壤数据库中土壤的名称。 注意:NAME值不能包含下划线("_"),SWAT保留这一特性

"Stmuid+Seqn"选项包含3个字段,如表2-9所示。

表2-9 "Stmuid+Seqn"选项下土壤类型导入格式

字段名	字段格式	说明
VALUE	字符串	地图上土壤类的编码
STMUID	5个字符的字符串	5位编码:1~2位是州的数字代码;3~5位是STATSGO多边形编码
SEQN	字符串	STATSGO多边形中土壤序列号(第二种主要土壤,SEQN=2;第三种主要土壤,SEQN=3,以此类推)

"Stmuid+Name"选项包含 3 个字段,如表 2-10 所示。

表 2-10 "Stmuid+Name"选项下土壤类型导入格式

字段名	字段格式	说明
VALUE	字符串	地图上土壤类的编码
STMUID	5 个字符的字符串	5 位编码:1~2 位是州的数字代码; 3~5 位是 STATSGO 多边形编码
NAME	字符串(最多 30 个字符)	STATSGO 多边形中土壤序列号

"Stmuid"选项 ASCII 土壤类型查找文件的示例如下。
"Value","Stmuid"
1,48047
2,48236
3,48357
4,48619
5,48620
6,48633

其他选项的 ASCII 查找表包含链接属性数据,列出了链接选项的 dBase 格式汇总表属性字段。

注意:土壤查找表的示例见\Installation dir\Databases\Example1\soil.dbf;个人地理数据库(.mdb)表的格式;土壤查找表的 PGDB 表格式与 dBase 格式相同。

5. Precipitation Gage Location Table

此表为 ASCII 格式。当使用实测降水数据时,需要提供雨量计的位置表。雨量计位置表的扩展名应为".txt"。导入格式如表 2-11 所示。

表 2-11 雨量计位置表导入格式

字段名	字段格式	说明
ID	整型	计量器具标识号(接口未使用)
NAME	最多 8 个字符的字符串	相应表格中的名称字符串
LAT	浮点型	纬度(十进制)
LONG	浮点型	经度(十进制)
ELEVATION	整型	雨量计的高度(m)

注意:示例温度表位置表见\Installation dir\Databases\ExInput\tmp.txt;用户将为要使用的每个站提供一条记录;"NAME"字段将包含用于命名链接的温度数据表的字符串;不再支持 ArcSWAT 早期版本中允许的 dBase 格式的站表。

6. Daily Precipitation Data Table

此表为 ASCII 格式。用于存储单个降雨测站的日降水量。在气象数据对话框中选择了"rain gage"选项时用到。降雨测站位置表中所列出的各测站位置都对应有一个降雨数据表。降雨数据表的名称为"name.txt",该名称是降雨测站位置表中"NAME"字段中输入的字符串。导入格式如表 2-12 所示。

表 2-12 降雨测站日降水量导入格式

行	字段格式	说明
第一行	yyyymmdd 字符串	开始降水的日期
其余行	浮点型,自由格式	降水量(mm)

注意:示例降水表见\Installation dir\Databases\ExInputs\p329956.txt;每日记录必须按顺序列出;最多 150y 的日数据;不再支持 ArcSWAT 早期版本中允许的 dBase 表。

7. Sub-Daily Precipitation Data Table(仅 ASCII)

此表为 ASCII 格式。用于存储单个降雨测站的日以下时间步长的次降水量,如果气象数据对话框中选择了"rain gage"选项,就需要此表。降雨测站位置表中列出的各测站位置对应有一个降水数据表。降水数据表的名称是"name.txt",该名称是降雨测站位置表中"NAME"字段中输入的字符串。导入格式如表 2-13 所示。

表 2-13 日以下时间步长的次降水量导入格式

行	字段格式	说明
第一行	yyyymmdd 字符串	开始降水的日期
第二行	降水时间序列的时间步长	时间步长(min)
其余行	浮点型,自由格式	降水量(mm)

注意:示例降水表见\Installation dir\Databases\ExInputs\SubDailyPcp_1day_60min.txt;在整个记录期间,降水测量的时间间隔必须相等,比如,所有降水测量值代表每小时的累计值;每个站最多 878 400 条记录;次降水量记录必须按顺序列出;所模拟周期的每个时间步长必须有一个记录;所有降水站的输入文件必须具有相同的时间步长和记录数量。

8. Temperature Gage Location Table

此表为 ASCII 格式。当使用实测温度数据时,需要提供温度测站的位置表。气温测站位置表的扩展名应为".txt"。导入格式如表 2-14 所示。

9. Temperature Data Table

此表为 ASCII 格式。用于存储气象测站的日最高和最低气温,当气象数据对话框中选择了"weather station"选项时用到。气象测站位置表中列出的各位置对应有一个气温数据表。

气温数据表的名称是"name.txt",该名称是气温测站位置表中"NAME"字段输入的字符串。导入格式如表2-15所示。

表2-14 温度测站位置表导入格式

字段名	字段格式	说明
ID	整型	气温测站标识码(软件不用)
NAME	最多8个字符的字符串	相应表格中的名称字符串
LAT	浮点型	纬度(十进制)
LONG	浮点型	经度(十进制)
ELEVATION	整型	气温测站的高程(m)

注:气温测站位置表的示例见\Installation dir\Databases\ExInputs\tmp.txt;用户将为要使用的每个站提供一条记录;"NAME"字段将包含用于命名链接的温度数据表的字符串。

表2-15 气象测站气象数据导入格式

行	字段格式	说明
第一行	yyyymmdd 字符串	开始降水的日期
其余行	浮点型:字符串数值使用逗号分隔	日最高、最低温度(℃)

注:温度数据表示例位于\Installation dir\Databases\ExInputs\t329956.txt 中;每日记录必须按顺序列出,每天一条记录;最多150y的日数据;不再支持ArcSWAT早期版本中允许的dBase格式的输入表。

10. Solar Radiation、Wind Speed 或 Relative Humidity Gage Location Table

此表为ASCII格式。当用到实测太阳辐射、风速或相对湿度数据时,需要提供测站的位置表。以下所述的位置表格式可以用来记录这3种数据。太阳辐射/风速/相对湿度计位置表的扩展名应为".txt"。导入格式如表2-16所示。

表2-16 实测太阳辐射、风速或相对湿度测站位置导入格式

字段名	字段格式	说明
ID	整型	计量器具标识号(接口未使用)
NAME	最多8个字符的字符串	相应表格中的名称字符串
LAT	浮点型	纬度(十进制)
LONG	浮点型	经度(十进制)
ELEVATION	整型	太阳辐射/风速/相对湿度标高(m)

注:示例太阳能表位置表位于\Installation dir\Databases\ExInputs\solar.txt 中;各类气象数据用一个单独的位置表。

11. Solar Radiation Data Table

此表为 ASCII 格式。用于存储某气象站记录的到达地面的日太阳辐射总量,当气象数据对话框中选择"Solar gages"选项时用到。太阳辐射位置表中列出的各位置对应有一个太阳辐射数据表。太阳辐射数据表的名称为"name.txt",该名称是太阳辐射测站位置表中"NAME"字段中输入的字符串。导入格式如表 2-17 所示。

表 2-17 日太阳辐射总量导入格式

行	字段格式	说明
第一行	yyyymmdd 字符串	数据的起始日期
其余行	浮点型的字符串数值	日太阳辐射[MJ/(m² · d)]

注意:太阳辐射表的示例见\Installation dir\Databases\ExInputs\s329956.txt;必须按顺序列出日记录;最多 150y 的日数据。

12. Wind Speed Data Table

此表为 ASCII 格式。用于存储某气象测站记录的日均风速,当"气象数据"对话框中选择"Wind gages"选项时用到。风速位置表中列出的各位置对应有一个风速数据表。它的名称为"name.txt",是风速位置表中"NAME"字段输入的字符串。导入格式如表 2-18 所示。

表 2-18 日均风速导入格式

行	字段格式	说明
第一行	yyyymmdd 字符串	数据的起始日期
其余行	浮点型的字符串数值	日均风速(m/s)

注意:风速表的示例见\Installation dir\Databases\ExInputs\w329956.txt\;必须按顺序列出日记录;最多 150y 的日数据。

13. Relative Humidity Data Table

此表为 ASCII 格式。用于存储某气象站记录的相对湿度分数,当气象数据对话框中选择"Relative Humidity gages"选项时用到。相对湿度位置表中列出的各位置对应有一个相对湿度数据表。它的名称为"name.txt",是相对湿度位置表中"NAME"字段输入的字符串。导入格式如表 2-19 所示。

表 2-19 相对湿度分数导入格式

行	字段格式	说明
第一行	yyyymmdd 字符串	数据的起始日期
其余行	浮点型的(f8.3)字符串数值	日相对湿度(%)

注意:湿度表的示例见\Installation dir\Databases\ExInputs\r329956.txt;必须按顺序列出日记录;最多 150y 的日数据。

14. Point Discharge Data Table – Annual Loadings

此表可为 dBase 表或逗号隔开的文本表格式,存储的是年负荷排放量,其中 dBase 表导入格式如表 2-20 所示。

表 2-20 dBase 表年负荷点源排放数据导入格式

字段名	字段格式	说明
YEAR	整型 i4	实测数据的年份
FLOYR	浮点型(fl2.3)	某年的日均水量(m^3/d)
SEDYR	浮点型(fl2.3)	某年的日均泥沙量(t/d)
ORGNYR	浮点型(fl2.3)	某年的日均有机氮量(kg/d)
ORGPYR	浮点型(fl2.3)	某年的日均有机磷量(kg/d)
NO3YR	浮点型(fl2.3)	某年的日均硝酸盐量(kg/d)
NH3YR	浮点型(fl2.3)	某年的日均铵基量(kg/d)
NO2YR	浮点型(fl2.3)	某年的日均亚硝酸盐量(kg/d)
MINPYR	浮点型(fl2.3)	某年的日均可溶性磷量(kg/d)
CBODYR	浮点型(fl2.3)	某年的日均生化需氧量(kg/d)
DISOXYR	浮点型(fl2.3)	某年的日均溶解氧量(kg/d)
CHLAYR	浮点型(fl2.3)	某年的日均叶绿素 a 量(kg/d)
SOLPYR	浮点型(fl2.3)	某年的日均可溶性杀虫剂量(mg/d)
SRBPYR	浮点型(fl2.3)	某年的日均吸附性杀虫剂量(mg/d)
BACTPYR	浮点型(fl2.3)	某年的日均持留菌量(CUF/100mL)
BACTLPYR	浮点型(fl2.3)	某年的日均较短持续性细菌量(CFU/100mL)
CMTL1YR	浮点型(fl2.3)	某年的日均 1# 稳定金属量(kg/d)
CMTL2YR	浮点型(fl2.3)	某年的日均 2# 稳定金属量(kg/d)
CMTL3YR	浮点型(fl2.3)	某年的日均 3# 稳定金属量(kg/d)

注意:年点源排放表的示例见\Installation dir\Databases\ExInputs\PtSrcYearly.dbf;记录年点源排放的 ASCII 文本(.txt)导入格式与上面的 dBase 格式相同,该文件的第一行包括字段名,而其余各行包括年汇总的负荷量;年点源排放数据表 ASCII 文本(.txt)的示例见\Installation dir\Databases\ExInputs\pointsyearly.txt。

15. Point Discharge Data Table – Monthly Loadings

此表可为 dBase 表或逗号隔开的文本表格式,记录的是月负荷点源排放的数据,其中 dBase 表导入格式如表 2-21 所示。

表 2-21 月负荷点源排放数据导入格式

字段名	字段格式	说明
MONTH	整型 i2	实测数据的月份
YEAR	整型 i4	实测数据的年份
FLOMON	浮点型(f12.3)	某月的日均水量(m³/d)
SEDMON	浮点型(f12.3)	某月的日均泥沙量(t/d)
ORGNMON	浮点型(f2.3)	某月的日均有机氮量(kg/d)
ORGPMON	浮点型(f12.3)	某月的日均有机磷量(kg/d)
NO3MON	浮点型(f12.3)	某月的日均硝酸盐量(kg/d)
NH3MON	浮点型(f12.3)	某月的日均铵负荷量(kg/d)
NO2MON	浮点型(f12.3)	某月的日均亚硝酸盐量(kg/d)
MINPMON	浮点型(f12.3)	某月的日均可溶性磷量(kg/d)
CBODMON	浮点型(f2.3)	某月的日均生化需氧量(kg/d)
DISOXMON	浮点型(f12.3)	某月的日均溶解氧量(kg/d)
CHLAMON	浮点型(f12.3)	某月的日均叶绿素 a 量(kg/d)
SOLPMON	浮点型(f12.3)	某月的日均可溶性杀虫剂量(mg/d)
SRBPMON	浮点型(f12.3)	某月的日均吸附性杀虫剂量(mg/d)
BACTPMON	浮点型(f12.3)	某月的日均持留菌量(♯bact/100mL)
BACTLPMON	浮点型(f12.3)	某月的日均较短持续性细菌量(♯bact/100mL)
CMTL1MON	浮点型(f2.3)	某月的日均 1♯ 稳定金属量(kg/d)
CMTL2MON	浮点型(f2.3)	某月的日均 2♯ 稳定金属量(kg/d)
CMTL3MON	浮点型(f2.3)	某月的日均 3♯ 稳定金属量(kg/d)

注意:月点源排放表的示例见\Installation dir\Databases\ExInputs\PtSrcMonth.dbf;月记录的 ASCII 文本(.txt)格式与上面的 dBase 格式相同,该文件的第一行包括字段名,而其余各行包括月汇总的负荷量;月点源排放数据表(.txt)的示例见\Installation dir\Databases\ExInputs\pointsmonthly.txt。

16. Point Discharge Data Table - Daily Loadings

此表可为 dBase 表或逗号隔开的文本表格式,记录的是日负荷点源排放数据,其中 dBase 表导入格式如表 2-22 所示。

点源或入水口的排放数据汇总方式有 4 种:恒定日负荷、年均日负荷、月均日负荷或有变化的日负荷。"Point Discharges Data"对话框中输入的是以恒定日负荷汇总的排放数据。对于其他 3 种方式,需要一个预先创建的包含点源排放数据的文件。

表 2-22 日负荷点源排放数据导入格式

字段名	字段格式	说明
DATE	日期型(mm/dd/yyyy)	实测数据的日期
FLODAY	浮点型(fl2.3)	某天的日均水量(m³/d)
SEDDAY	浮点型(fl2.3)	某天的日均泥沙量(t/d)
ORGNDAY	浮点型(fl2.3)	某天的日均有机氮量(kg/d)
ORGPDAY	浮点型(fl2.3)	某天的日均有机磷量(kg/d)
NO3DAY	浮点型(l2.3)	某天的日均硝酸盐量(kg/d)
NH3DAY	浮点型(fl2.3)	某天的日均铵基量(kg/d)
NO2DAY	浮点型(fl2.3)	某天的日均亚硝酸盐量(kg/d)
MINPDAY	浮点型(f12.3)	某天的日均可溶性磷量(kg/d)
CBODDAY	浮点型(fl2.3)	某天的日均生化需氧量(kg/d)
DISOXDAY	浮点型(fl2.3)	某天的日均溶解氧量(kg/d)
CHLADAY	浮点型(fl2.3)	某天的日均叶绿素 a 量(kg/d)
SOLPDAY	浮点型(fl2.3)	某天的日均可溶性杀虫剂量(mg/d)
SRBPDAY	浮点型(f12.3)	某天的日均吸附性杀虫剂量(mg/d)
CMTL1DAY	浮点型(fl2.3)	某天的日均 1# 稳定金属量(kg/d)
CMTL2DAY	浮点型(fl2.3)	某天的日均 2# 稳定金属量(kg/d)
CMTL3DAY	浮点型(fl2.3)	某天的日均 3# 稳定金属量(kg/d)
BACTPDAY	浮点型(fl2.3)	某天的日均持留菌量(#bact/100mL)
BACTLPDAY	浮点型(fl2.3)	某天的日均较短持续性细菌量(#bact/100mL)

注意：日点源排放表的示例见\Installation dir\Databases\ExInputs\pointsdaily.dbf；日记录的 ASCII 文本格式与上面的 dBase 格式相同，该文件的第一行包括字段名，而其余各行包括日汇总的负荷量；日点源排放数据表的示例见\Installation dir\Databases\ExInputs\pointsdaily.txt；必须按顺序列出日记录。

17. Reservoir Monthly Outflow Data Table

此表可为 dBase 表或逗号隔开的文本表格式。定义水库出流量的选项提供模拟各月的日均出流量。这部分描述了水库月出流量数据表的格式。导入格式如表 2-23 所示。

18. Reservoir Daily Outflow Data Table

此表可为 dBase 表或逗号隔开的文本表格式。定义水库出流量的选项提供模拟各天的出流量。这部分描述了水库日出流量数据表的格式。导入格式如表 2-24 所示。

表 2-23 水库月出流量数据导入格式

字段名	字段格式	说明
YEAR	整型 i4	实测数据的年份
RESOUT1	浮点型(f10.1)	1 月的实测日均出流量(m^3/s)
RESOUT2	浮点型(f10.1)	2 月的实测日均出流量(m^3/s)
RESOUT3	浮点型(f10.1)	3 月的实测日均出流量(m^3/s)
RESOUT4	浮点型(f10.1)	4 月的实测日均出流量(m^3/s)
RESOUT5	浮点型(f10.1)	5 月的实测日均出流量(m^3/s)
RESOUT6	浮点型(f10.1)	6 月的实测日均出流量(m^3/s)
RESOUT7	浮点型(f10.1)	7 月的实测日均出流量(m^3/s)
RESOUT8	浮点型(f10.1)	8 月的实测日均出流量(m^3/s)
RESOUT9	浮点型(f10.1)	9 月的实测日均出流量(m^3/s)
RESOUT10	浮点型(f10.1)	10 月的实测日均出流量(m^3/s)
RESOUT11	浮点型(f10.1)	11 月的实测日均出流量(m^3/s)
RESOUT12	浮点型(f10.1)	12 月的实测日均出流量(m^3/s)

注意:水库月出流量表的示例见\Installation dir\Databases\ExInputs\resmonthly.dbf;月记录的 ASCII 表格式与上面的 dBase 格式相同,该表的第一行包含字段名,而其余行包含逐月的水库出流量;水库月出流量表的示例见\Installation dir\Databases\ExInputs\resmonthly.txt。

表 2-24 水库日出流量数据导入格式

字段名	字段格式	说明
DATE	日期型(mm/dd/yyyy)	实测日期
FESOUTFLOW	浮点型(f8.2)	某天的泄流量(m^3/s)

注意:水库日出流量表的示例见\Installation dir\Databases\ExInputs\resdaily.dbf;日记录的 ASCII 文本格式与上面的 dBase 格式相同,该文本的第一行包含字段名,而其余行包含日汇总的负荷量;日点源排放表的示例见\Installation dir\Databases\ExInputs\resdaily.txt;必须按顺序列出日记录。

19. Potential ET Data Table

此表可为 dBase 表或逗号隔开的文本表格式,可以通过常规分水岭数据(.BSN)输入文件编辑界面提供观察到的 PET 文件。该文件的格式规范在 2012 年版本的 SWAT 输入/输出文档的修改水库输入部分进行了详细说明。此文件必须是带有".txt"扩展名的 ASCII 文本文件,并且其长度最多为 13 个字符(包括".txt")。

三、ArcSWAT 完整运行流程

(一)流域划分

可基于数字高程模型(DEM)数据自动划分子流域。用户指定子流域的数目和大小,也可输入预先定义的流域边界及相应的河网数据。

目的：通过高级 GIS 功能，可将流域划分为有水力联系的几个子流域，用于 SWAT 流域建模。

应用：流域划分工具运用 ArcGIS 和空间分析扩展模块，进行流域划分。划分过程中需要 ESRI Grid 格式的 DEM。用户也可以导入和运用预先定义的 ArcView Shapefile 或地理数据库 Feature Class(PolyLine)格式的数字河网。

划分后，详细的报表(地形报表)就添加到当前工程，添加到当前地图上的图层包括子流域、流域、河段、出水口以及监测点。此地形报表包括了流域内(或没有水力联系的流域)及各子流域单元(子流域)的高程分布。添加到地图中的图层包含流域特征参数。

1. 新建工程

(1)从"SWAT Project Setup"菜单中，点击"New SWAT Project"命令。

(2)将出现一个对话框(图 2-9)，询问是否想要保存当前文档。

图 2-9　保存当前文档提示框

(3)选择"是(Y)"之后，将出现"Project Setup"对话框(图 2-10)，包含工程路径(Project Directory)的初始默认值、SWAT 工程地理数据库(SWAT Project Geodatabase)名称、栅格存储(Raster Storage)名称及 SWAT 参数地理数据库(SWAT Parameter Geodatabase)名称。

(4)点击文本框右侧的"文件浏览"按钮，选择工程路径，即为所有 SWAT 工程文件的存储位置。

(5)更改 SWAT 工程地理数据库的名称(可选项)。默认情况下，软件将地理数据库的名称设置为工程文件夹名称。

(6)更改栅格存储地理数据库的名称(可选项)。

(7)更改 SWAT 参数地理数据库的名称(可选项)。默认情况下，将选择 ArcSWAT 装文件夹中的 SWAT2012.mdb 地理数据库。有些用户可能保留了该数据库的多个版本，可以在这里选择数据库。

(8)修改后的"Project Setup"对话框如图 2-11 所示。

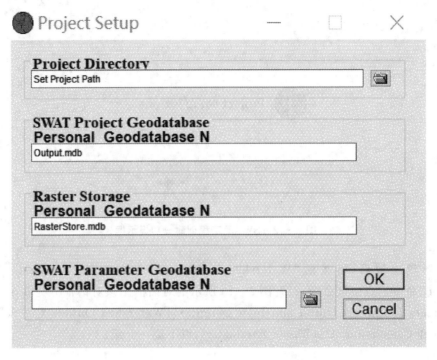

图 2-10 "Project Setup"对话框

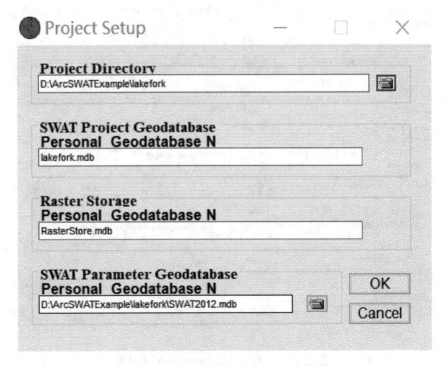

图 2-11 修改后的"Project Setup"对话框

(9)点击"OK",新的 SWAT 工程将被创建(见图 2-12)。

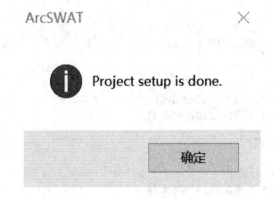

图 2-12　SWAT 工程创建成功提示框

(10)新建工程后,将激活"Watershed Delineation"菜单下的"Automatic Watershed Delineation"命令。点击该命令,打开图 2-13 所示的对话框。该对话框分为 5 个部分:DEM Setup、Stream Definition、Outlet and Inlet Definition、Watershed Outlets(s) Selection and Definition 和 Calculation of Subbasin Parameters,以下逐一介绍。

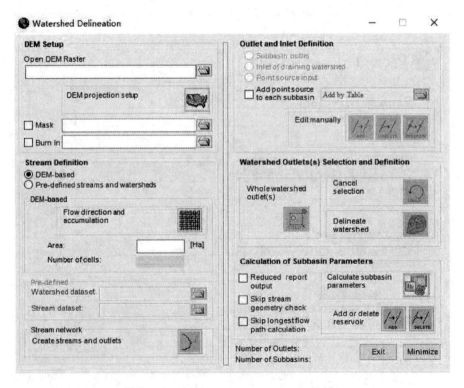

图 2-13　"Watershed Delineation"对话框

2. DEM 设置

(1)"Watershed Delineation"对话框的"DEM Setup"分组框如图 2-14 所示。

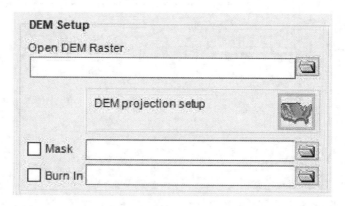

图 2-14 "DEM Setup"分组框

加载栅格 DEM 图,用于计算所有子流域/河段的地形参数,有两个复选框(可选):"Mask"表示加载或创建栅格 Mask,"Burn"表示加载"BurmIn"河流数据集,使 SWAT 子流域河段与已知的河流位置拟合。

(2)加载或选择栅格 DEM,点击"Open DEM gird"文本框旁边的文件浏览按钮。

(3)打开一个对话框,指定要用的栅格 DEM 图的加载方式(图 2-15)。

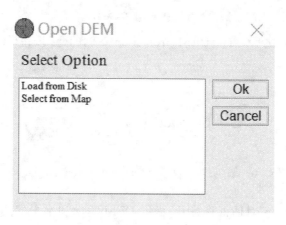

图 2-15 Open DEM 对话框

"Select from Map":从当前 ArcMap 地图文档中的栅格 DEM 中选择。选择后,单击"OK"按钮,将显示当前地图文档中栅格层的列表。选择栅格层的名称,点击"OK"按钮。

"Load from Disk":从硬盘选择 DEM。选择后,将出现栅格数据集文件浏览器(图 2-16),指定要使用的 DEM,点击"Add"按钮。

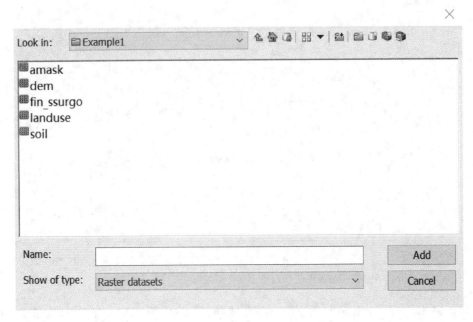

图 2-16　栅格数据集文件浏览器

（4）DEM 被加载到当前 ArcSWAT 工程"Watershed/Grid"文件夹，文本框会显示源 DEM 的新路径。如果所选 DEM 的地理坐标系统已定义，将出现一条信息，提示在操作之前必须对 DEM 投影，生成投影坐标系统。如果 DEM 没有定义坐标系统，将出现一个对话框，提示在操作之前必须对 DEM 定义恰当的投影坐标系统。

（5）正确加载 DEM 之后，点击 DEM projection 右侧的 按钮（图 2-17），定义 DEM 的属性。

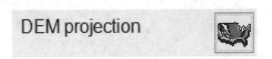

图 2-17　DEM projection setup 按钮

（6）"DEM Properties"对话框将打开，指定 DEM 垂向和水平的测量单位，并确认投影信息（图 2-18）。

软件中无法编辑 DEM X-Y Unit 和 Spatial Reference 内容。必须在应用 ArcSWAT 之前，定义投影时设置 DEM 的这些参数。而通过提供的下拉框可以改变 Z unit。

注意：一定要留心 DEM 属性对话框应该正确输入水平和垂向单位。不正确的设置将影响流域地理参数化的结果。如果用户不选择 Z unit，软件将默认为 meter。

（7）点击"OK"，关闭 DEM 属性对话框。

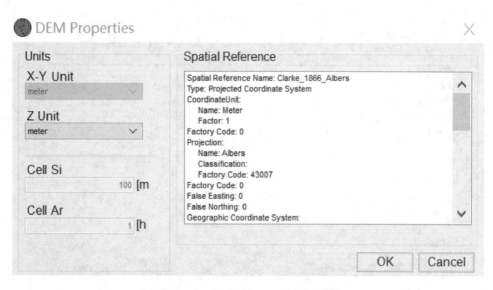

图 2-18 "DEM Properties"对话框

(8)定义 Mask(可选)。"DEMsetup"组件框中的第一个选项是通过对栅格 DEM 进行掩膜操作,导入或生成数据集。软件只处理 Mask 掩盖部分的 DEM。该操作不是必选项,但可以缩短 GIS 的运行时间。

依次点击 Mask 旁边的复选框及 Mask 文本框旁边的"文件浏览"按钮,打开提示对话框(图 2-19)。

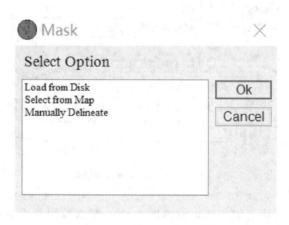

图 2-19 Mask 提示对话框

DEM 的掩膜生成,有 3 个选项。激活并高亮显示选项后,点击"OK"。3 个选项的具体含义如下。

①Load from Disk,从硬盘导入栅格地图。选择此选项后,打开一个栅格数据集浏览器(图 2-20)。

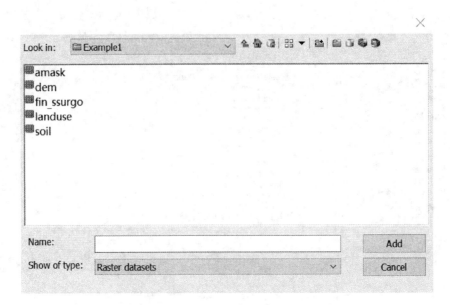

图 2-20　栅格数据集浏览器

选择栅格的掩膜名称，点击"Add"。该 Mask 将被加载到 ArcSWAT 工程"Watershed/Grid"文件夹，文本框显示栅格 Mask 的新路径（图 2-21）。

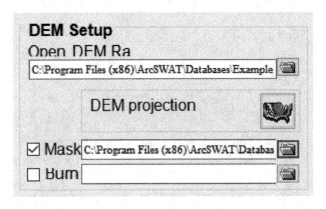

图 2-21　Mask 加载成功

②Select from Map，从已加载到当前地图文档的栅格数据集中选择。选择该操作，将出现列表框，列出当前加载的所有栅格图（图 2-22）。选择后，点击"OK"。该 Mask 将被加载到 ArcSWAT 工程"Watershed/Grid"文件夹，文本框中显示栅格 Mask 的新路径。

③Manually Delineate，运用 Manual Delineation Tool 绘制和编辑多边形掩膜（图 2-23）。

绘制掩膜时，用到 ArcGIS 的 zoom-in 和 zoom-out 标准工具，不需要关闭"DEM Properfies"对话框。

点击 Draw 按钮，开始绘制掩膜，并弹出消息框（图 2-24），提示可开始绘制掩膜。

图 2-22　当前地图文档栅格数据集

图 2-23　绘制和编辑多边形掩膜的工具

图 2-24　开始绘制掩膜提示框

点击地图,依次点击多边形的各边界角点或拐点,定义多边形边界。双击最后拐点,就会显示多边形的形状(图 2-25)。

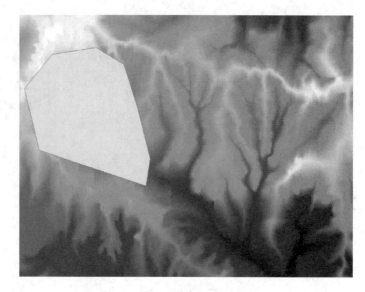

图 2-25 手动绘制的多边形掩膜

点击 按钮,向多边形添加新拐点或移动拐点。将光标移到 Mask 多边形上,双击,将高亮显示多边形的拐点。添加新拐点时,将光标移动到新拐点位置,点击鼠标右键,选择"Insert Vertex"(图 2-26)。

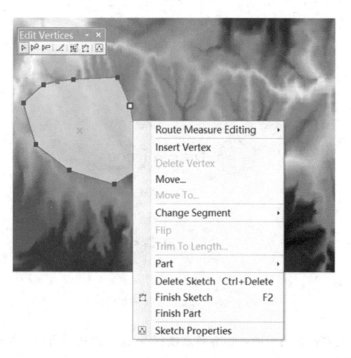

图 2-26 添加掩膜多边形拐点

移动光标到要删除的拐点处,光标变成"十"字形,点击鼠标右键,选择"Delete Vertex",删除拐点(图 2-27)。

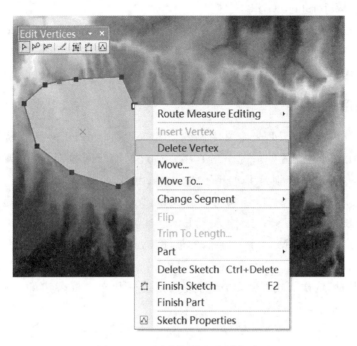

图 2-27 删除掩膜多边形拐点

要移动已有拐点,将光标放到需要移动的拐点处,当光标变为"十"字形时,按住鼠标左键,拖动该拐点到新的位置。

在多边形外面点击鼠标右键,选择"Stop Editing",停止编辑掩膜多边形(图 2-28)。

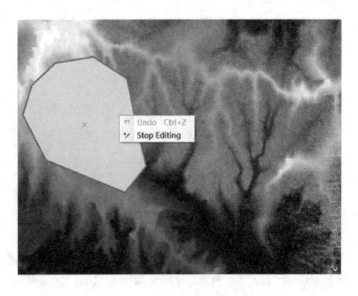

图 2-28 停止编辑掩膜多边形

要删除掩膜多边形,点击 Delete 按钮,当前掩膜多边形从地图中删除。

完成栅格的掩膜绘制和编辑后,点击"Apply"按钮,掩膜多边形将被转换为一个栅格数据集,存储在工程的"Watershed/Grid"文件夹。

加载掩膜栅格后,在"Watershed Delineation"对话框中标有"Mask"的文本框中将会显示栅格数据的存放路径,且命名为"Mask"的图层将被添加到地图中。

注意:现在可设置空间分析属性的分析掩膜,仅在掩膜区域应用空间分析命令。

3. Burn In 河网(可选项)

可将河网数据叠加到 DEM,来定义河网的位置。此功能在 DEM 无法提供足够详细信息以允许接口准确预测河网位置的情况下最有用。通过添加河网数据,可改善水文划分及子流域边界提取,但此专题数据必须是 Polyline Shapefile 或 Feature Class 格式。

注意:加载 Burn In 河网之前,应编辑河流数据,提供连续河流(如画出通过湖泊和坑塘的河流,删除孤立河段)。如有需要,可在 ArcMap 中编辑,修改河网的属性。除了出水口处的线状要素,河流不应穿过 DEM 边界(如果设有掩膜,为掩膜区),否则会影响到由此生成的流向。

加载河流数据时,依次点击"Burn In"旁边的复选框和文本框旁边的文件浏览按钮,打开选择对话框(图 2-29)。

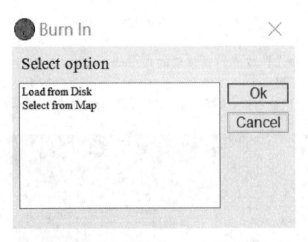

图 2-29 河流数据的"Burn In"选择对话框

线状图层可以从已添加到当前地图的图层中选择,或从硬盘加载。

随后点击"OK"。如果选择了第一个选项,则显示地图上的线状图层列表,否则,会弹出线状数据集文件浏览器,指定使用的数据集。

选择河网数据集的名称(按住 Shift 键可以多选),点击"Add",Burn In 河流数据集将被转换为栅格,并输入到工程"Watershed/Grid"文件夹。Burn In 文本框中将显示新数据集的路径。该新的河流栅格就会被添加到当前地图,并且命名为"DigitStream"。

4. 定义河网

在"Watershed Delineation"对话框中的"Stream Definition"组件框中，定义初始河网和子流域出水口。用户可以选择基于流域阈值来定义河网，或者导入预先定义的流域边界和河网，如图 2-30 所示。

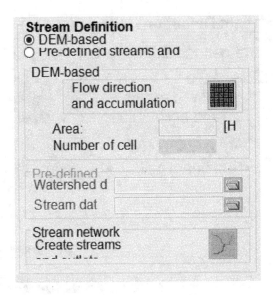

图 2-30 "Watershed Delineation"对话框中的"Stream Definition"组件框

1) 基于阈值的河网定义

点击"DEM-based"单选按钮，选择基于阈值的河流定义。将列出最小、最大以及推荐的子流域面积，单位为公顷(hm^2)。

通过该选项，用户可设置子流域的最小面积，在确定河网详细程度、子流域大小及数目时非常关键。阈值面积或者临界水源面积，定义了形成河流所需的最小汇水面积。

(1) 点击"Flow direction and accumulation"按钮，通过填洼和计算流向及水流累积栅格，来预处理 DEM（图 2-31）。当在大区域上使用高分辨率的 DEM（30m 或更高）时，该过程的运行时间可能会很长。注意：根据 DEM 定义河网时，需要运行这一步。但是，当输入预先定义的河流及流域时，不需要执行这一步操作。

(2) 在文本框"Area"的右侧输入上游汇水面积（单位为 hm^2），为形成河流的最小汇水面积（图 2-32）。指定的公顷数值越小，软件划分的河网越详细。

(3) 点击图 2-33 中的"Creat streams and outlets"按钮，生成河网。

(4) 添加到地图上并在栅格 DEM 图层上显示的两个图层为 Reach（当前形成的河网）和 MonitoringPoint（各段河流的连接点）（图 2-34）。

(5) 用户可以改变阈值，重新定义河网和出水口，或者运行下一步。

2) 预先定义的流域和河网

用户点击"Pre-defined stream and watersheds"单选按钮，选择预先定义流域和河网选项。

图 2-31 "Flow direction and accumulation"按钮

图 2-32 生成河网的按钮

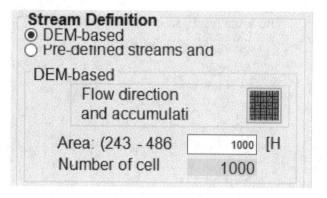

图 2-33 "Area"设置框

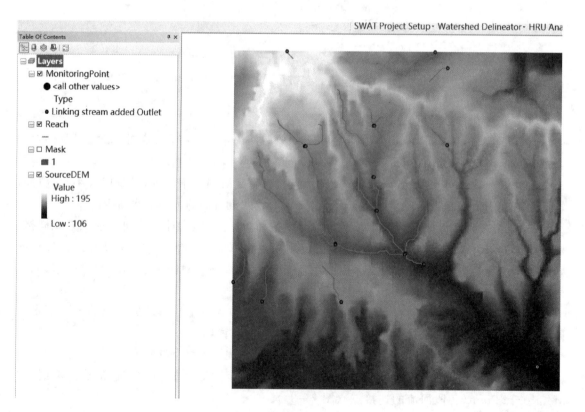

图 2-34 河网定义成功界面

(1)激活"Pre-defined"分组框(图2-35)。

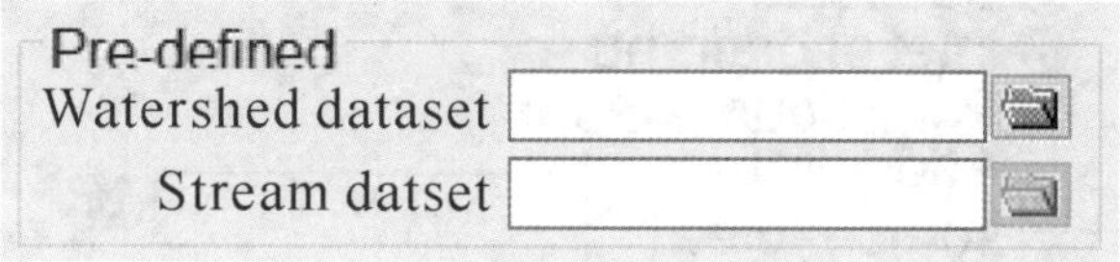

图2-35 "Pre-defined"分组框

(2)点击"Watershed dataset"文本框旁边的文件浏览按钮,选择预先定义的流域数据集。将出现一个数据集选择对话框,从硬盘或地图上加载数据集(图2-36)。选择之后,其路径将出现在文本框中,添加"Watershed"图层。

(3)点击"Stream dataset"文本框旁边的文件浏览按钮,选择预先定义的河流数据集。将出现一个数据集选择对话框,指定从硬盘或地图上加载数据集(图2-37)。选择之后,其路径将出现在文本框中,添加"Reach"图层。

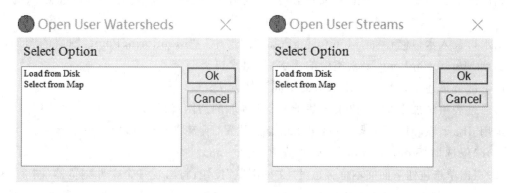

图2-36 "Watershed dataset"文本框　　图2-37 "Stream dataset"文本框

注意:用户定义的流域及河网的正确格式示例分别见\Installation dir\Databases\ExInputs\UserWatersheds 和\Installation dir\Databases\ExInputs\UserStreams respectively。

(4)点击"Create streams and outlets"按钮,生成 ArcSWAT 子流域、河流和出水口要素类。

(5)一旦完成,"MonitoringPoint"图层将被添加到地图上,该图层包含了通过用户定义的流域和河流来生成的子流域出水口。现在可添加点源[见(五)部分],或者直接计算子流域参数[见(七)部分]。

注意:选择了预先定义的流域/河网选项时,不能添加其他的子流域出水口或排水流域入水口,只能手动(即不通过表格)添加点源。

5. 定义出水口与入水口

在"Watershed Delineation"对话框中的"Outlet and Inlet Definition"分组框,可以重新定义河网和出水口的配置,添加、删除或重新定义排水流域入水口及子流域出水口(图2-38)。

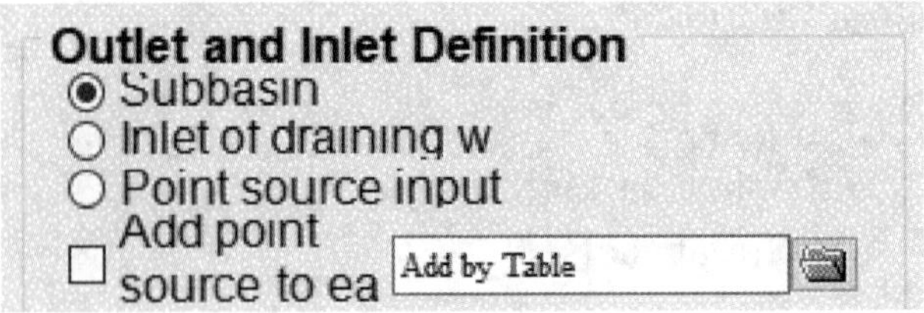

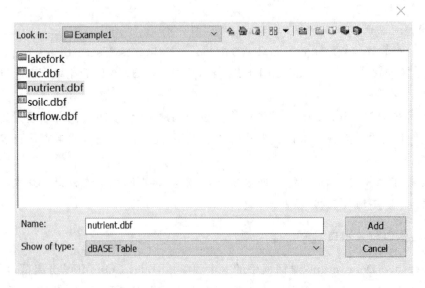

图2-38 "Outlet and Inlet Definition"分组框

子流域出水口即子流域内河网的出口。在测站位置处添加出水口,对流量及浓度的实测值和预测值的比较非常有用。

入水口有两种类型,即排放点源和排水流域的入水口。当流域上的部分区域没有被SWAT直接模拟时,就使用第二种类型的入水口。两种类型的入水口都需用户提供流量数据记录,在整个河网上演算入水口的流量。

通过导入一个预先定义的表格,或者在屏幕地图上人工点击鼠标,可将入水口和出水口添加到河网上。可通过3个按钮来切换子流域出水口、排水流域的入水口和点源的当前定义。

出水口及入水口储存在"MonitoringPoint"图层中。"MonitoringPoint"图层的图例区分了添加到MonitoringPoint要素类中的入水口/出水口类型。

以下部分描述了入水口和出水口的不同添加方法。

1)通过表格添加出水口(仅用于基于DEM提取的河网/流域)

运用dBase表和以下步骤,可将出水口点的位置(子流域出水口)导入到工程中。

(1)确保选择"Subbasin outlet"单选按钮(图2-38)。

(2)点击单选按钮下面文本框旁边的"文件浏览"按钮,将出现一个文件浏览器(图2-39),选择dBase表,单击"Add"(或双击选择对象)。

图2-39 文件浏览器

(3) 此表必须与"第二章 ArcSWAT 表格和文本文件"部分中指定的"Subbasin Outlet Location Table"具有相同字段。表中列出的所有类型都是"O"。如果指定不同的"TYPE"值,将弹出一个警告对话框,加载过程将终止。

(4) 进行地理编码后,出水口位置就会自动捕捉到河流图层的最近河段。

注意:在地图上定义点位置时,定义投影中的 X 坐标和 Y 坐标值(XPR 和 YPR 字段值),优先于经纬度值(LAT、LONG 字段值)。

完成后,将出现一条消息,显示该出水口已被成功添加(图 2-40)。

图 2-40　出水口已被成功添加消息框

(5) 随后出现第二条消息(图 2-41),包含以下信息。

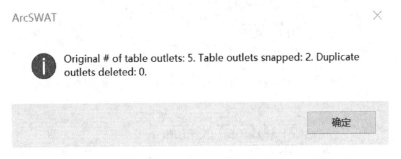

图 2-41　消息框

"Original # of Table outlets":原表中的出水口编码。

"Table outlets snapped":并非所有的出水口都被成功捕捉,离最近河段大于 100 倍 DEM 格网大小的出水口将不能被捕捉到。

"Duplicate outlets deleted":从表中添加的出水口,可能会捕捉到河流的同一位置(若出水口位置远离最近的河流,则被捕捉到河流终点)。河流上的任何重复位置将被删除。

(6) 新的出水口点将以白色样式显示在地图上的"MonitoringPoint"图层(图 2-42)。

2) 从表上添加点源或排水流域的入水口(仅用于基于 DEM 提取的河网/流域)

运用 dBase 表格和以下步骤,可将入水口或点源的位置输入到工程中。

(1) 在输入排水流域的入水口时,确保选择"Inlet of draining watershed"单选按钮(图 2-43)。

(2) 在输入点源时,确保选择"Point source input"单选按钮(图 2-44)。

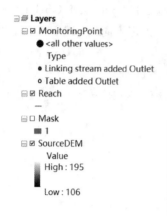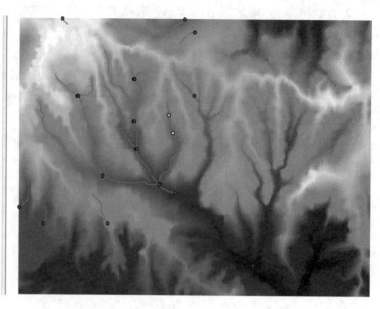

图2-42 出水口添加成功

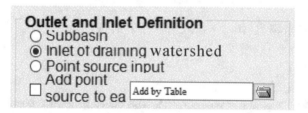

图2-43 "Inlet of draining watershed"单选按钮的选择

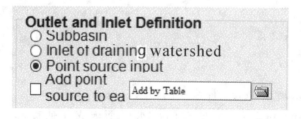

图2-44 "Point source input"单选按钮的选择

(3)点击单选按钮下面文本框旁边的"文件浏览"按钮,弹出一个数据集选择对话框,与选择子流域出水口时的情景一样(图2-39)。选择包含有入水口或点源 X、Y 位置的表格。

(4)此表格必须与"第二章 ArcSWAT 表格和文本文件"部分中指定的"Watershed Inlet Location Table"具有相同字段。表中列出的所有类型必须是"D"(点源)或"I"(排水流域入水口)。如果指定不同的"TYPE"值,将弹出一个警告对话框,加载过程将终止。

(5)完成表格输入后,将弹出消息,显示已成功输入。

(6)新的入水口和/或点源将会出现在地图中的"MonitoringPoint"图层。

3)人工编辑出水口和入水口

运用以下步骤可以编辑出水口和入水口。

(1)添加出水口、入水口或点源。

在"Watershed Delineation"对话框的"Outlet and Inlet Definition"分组框部分,选择要添加的点类型(图 2-38)。

点击 按钮。

"Watershed Delineation"对话框将最小化。移动光标到所需位置,单击鼠标左键,一个出水口将自动捕捉到最近的河流,并添加到"Outlets"图层。

当添加完所有的出水口后,点击鼠标右键,选择"Stop Editing"(图 2-45)。

界面会提示是否保存编辑内容。选择"Yes"保存编辑,或者"No"放弃(图 2-46)。

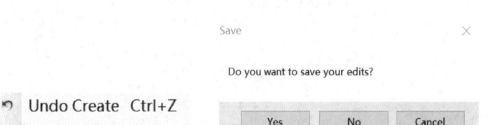

图 2-45　Stop Editing 工具　　　　图 2-46　保存提示框

注意:当添加和删除点要素时,不要将入水口或出水口点添加到结点栅格中。

图 2-47 中显示 DEM 栅格上由软件生成的河流结点放大的效果。这些点位于河流每个分支的第一个栅格。如果删除这些点,或用结点栅格内的点代替(图 2-48),则软件将无法识别正确的河流,不能正确划分两条支流的子流域。

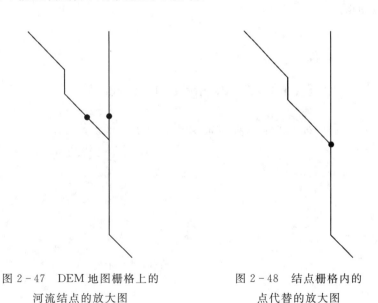

图 2-47　DEM 地图栅格上的　　　　图 2-48　结点栅格内的
　　　　河流结点的放大图　　　　　　　　　点代替的放大图

(2)删除出水口、入水口或点源。

如果需要,放大要删除的入水口或出水口点。

点击 按钮。

"Watershed Delineation"对话框将最小化,将光标移到要删除的位置。

按住鼠标左键,并且移动鼠标,在要删除的点周围画一个框,然后放开鼠标左键。会弹出一个提示框,提示是否要删除选择的点(图2-49)。

图2-49 "Delete (2) outlet(s)/inlet(s)?"提示框

删除之后,点击鼠标右键,选择"Stop Editing"。

(3)重新定义出水口、入水口和点源。

点击 按钮。

"Watershed Delineation"对话框将最小化。将光标移到所需的位置,单击鼠标左键,按住鼠标左键,在想要重新定义的点周围画框,再放开鼠标左键,将打开一个提示框(图2-50)。点击"Cancel"按钮退出。

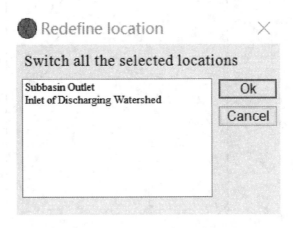

图2-50 "Redefine Location"提示框

可以重新定义到排水流域入水口的一个或多个出水口。不能重新定义点源入水口,如果选择了其中的点,将出现错误提示框,该过程将终止。

6. 流域出水口的选择及定义

在"Watershed Delineation"对话框的"Watershed Outlet(s) Selection and Definition"分组框,完成子流域划分(图 2-51)。可同时划分多个流域。

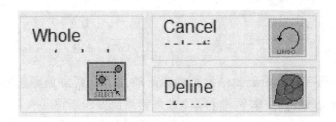

图 2-51 "Watershed Outlet(s) Selection and Definition"分组框

点击按钮。

"Watershed Delieation"对话框将最小化。

要选择流域出水口,将鼠标靠近选作流域出水口的点,按住鼠标左键,并且移动鼠标,在所选出水口周围的屏幕上画一个框,然后放开鼠标左键。

如果点源或排水流域的入水口在选择的点中,将提示错误,需要重新选择(图 2-52)。重新选择流域出水口后,将弹出选择成功提示框(图 2-53)。

点击"OK",继续进行。

如果想要取消选定的出水口,则单击 按钮,这些选定的流域出水口将被取消。

图 2-52 "At least one of the selected points is an inlet or point source. Please select again"提示框

点击 按钮,开始流域划分,确保至少选择一个出水口。

进行流域划分,完成时会弹出一条显示成功完成的提示框(图 2-54)。

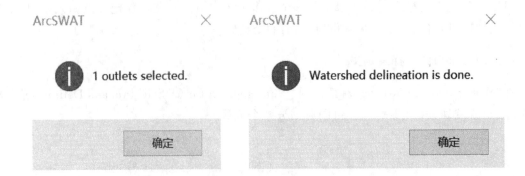

图 2-53 "1 outlets selected."提示框　　图 2-54 "Watershed delineation is done."提示框

将"Watershed"和"Basin"图层添加到地图上。"Watershed"图层包含所有的子流域,而 Basin 图层包含整个流域边界(图 2-55)。

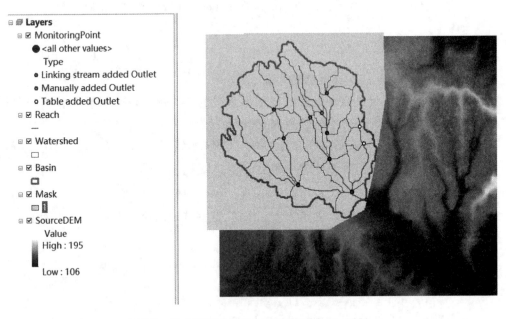

图 2-55　加到地图上的子流域和 Basin 图层

7. 计算子流域参数

"Calculation of Subbasin Parameters"分组框包括计算子流域和河段的地形特征,以及确定流域内的水库位置等内容,如图 2-56 所示。

1)计算子流域参数

(1)点击 按钮,开始计算子流域参数,将计算每个子流域及相关河段的地形参数。计算结果存储在更新的 Watershed 和 Reach 属性表中。可能需要大量的时间来完成此操作。当子流域的数量超过 1000 时,该过程常常超过 1h。

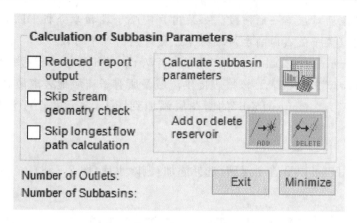

图 2-56 "Calculation of Subbasin Parameters"分组框

(2) Reduced Report Output(可选项):如果在应用中不需要特定的子流域地形报表输出,可以选择 Reduced report output 复选框(图 2-56)。此选项将大大加快子流域参数的计算速度,但仅生成全流域的高程统计与频率分布数据。

(3) Skip Stream Geometry Check(可选项):默认要检查河流的几何形状(见图 2-55 中的复选框)。它对子流域中有多条支流的河流很重要,在用户定义的子流域上常见,也会出现在人工添加和删除子流域出水口时。几何形状检查确保计算的河段长度是基于单个的支流长度,而不是所有支流长度的总和。跳过河流几何形状检查,在具有多个子流域的流域可以节省运行时间。跳过几何检查,则河段长度为所有支流的总长度。

(4) Skip Longest Flow Path Calculation(可选项):默认情况通过运用 DEM 来计算每个子流域的最长水流路径(见图 2-56 中的复选框)。这个过程计算量很大。当包含大量子流域时(>10 000),可能需要很长时间。如果跳过该选项,则将每个子流域中的最长水流路径设置为主河段的长度,它始终小于或等于实际最长水流路径。

注意:当选择预先定义的子流域和河网时,Skip Longest Flow Path Calculation(LFP)选项没有激活,将跳过计算。原因是 DEM 与用户定义的子流域之间不一致而产生错误。如果用户选择计算最长水流路径,需要调整注册表设置(要获得更多信息支持,请联系 SWAT 软件开发人员)。

(5)计算完所有参数后,会弹出一个提示框(图 2-57)。

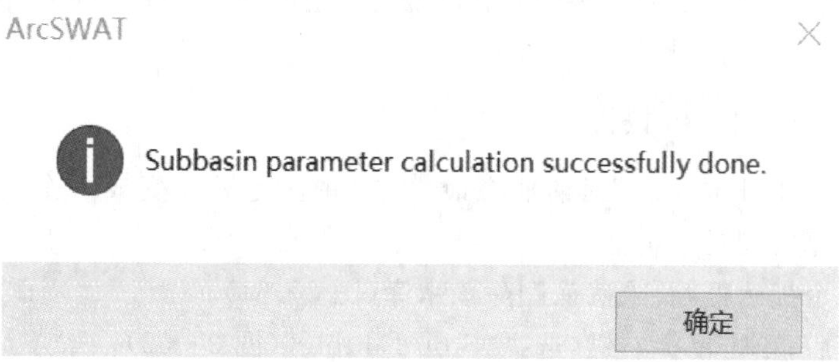

图 2-57 "Subbasin parameter calculation successfully done."提示框

注意：每个子流域对应单一的河段。如果用户删除了在初步分析 DEM 期间由软件定义的任何出水口，则假定子流域内的主河段为子流域对应的单个河段。

现在可从"Watershed Delineation"菜单中"Watershed Reports"报表中得到一个名为"Topographic Report"的新报表。该报表提供流域及所有子流域地表离散高程的统计结果和分布。此外，一个名为"LongestPath"的新图层添加到图上，显示每个子流域内的最长水流路径。

2）添加水库

划分完成后，用户可以沿着主河网，选择添加/删除水库（图 2-58）。

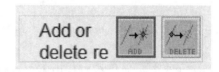

图 2-58　分组框

（1）要添加水库，点击 按钮。

（2）"Watershed Delineation"对话框将最小化，并且光标会变成一个"十"字形。单击目标子流域区域来添加水库，新的水库将置于相应子流域的出水口处。如果想要在已有水库的子流域内添加新水库，会弹出图 2-59 所示的消息框。

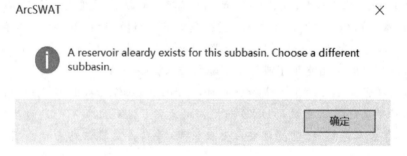

图 2-59　"Areservoir aleardy exists for this subbasin. Choose a different subbasin"消息框

（3）添加第一个水库之后，该水库符号将添加到图上的"MonitoringPoint"图层（图 2-60）。

3）删除水库

（1）要删除水库，点击 按钮。

（2）"Watershed Delineation"对话框将最小化，并且光标会变成一个箭头。按住鼠标左键，在要删除的水库周围画一个框。

（3）会弹出一个提示框，要求确认删除该水库（图 2-61）。

（4）删除水库后，单击鼠标右键，选择"Stop Editing"（图 2-62）。

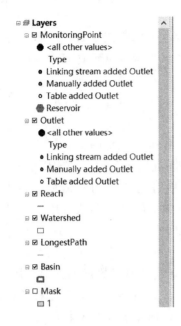 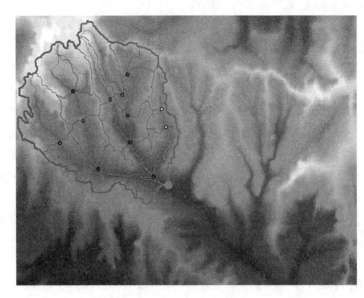

图 2-60 "MonitoringPoint"图层

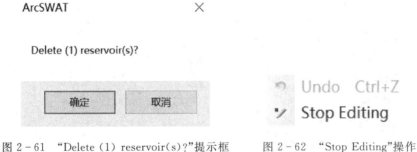

图 2-61 "Delete (1) reservoir(s)?"提示框　　图 2-62 "Stop Editing"操作

8. 流域划分完成

完成流域划分后,在"Watershed Delineation"对话框上点击"Exit"按钮,则 ArcSWAT 软件生成的栅格数据集,将从 SWAT 工程的"Watershed/Grid"文件夹转移到"Project Raster Geodatabase"中。该栅格以 ESRI GRID 格式存储在工程的"Watershed/Grid"文件夹中,以提高性能。划分完成后,它们将转移到"Raster Geodatabase"中,简化工程的数据存储。除非得到 ArcSWAT 专家的指导,切勿人工移动或删除"Watershed/Grid"文件夹与"Project Raster Geodatabase"中的栅格。

(二)HRU 分析

运用 ArcSWAT 工具栏里"HRU Analysis"菜单下的命令,描述流域的土地利用、土壤和坡度特征。通过这些工具,可加载土地利用和土壤层到当前工程,分析坡度特征,以及确定流域和各子流域的土地利用/土壤/坡度类型的组合和分布。数据集可以是 ESRI Grid、Shapefile 或地理数据库要素类的格式。

输入土地利用和土壤数据集,并链接到 SWAT 数据库之后,用户确定 HRU 分布的标准。可为每个子流域创建一类或多类土地利用/土壤/坡度组合(水文响应单元或 HRUs)。

1. 土地利用/土壤/坡度类型的定义和叠置

1)目的

通过 Land Use/Soils/Slope Definition 工具,可加载流域和各个子流域的土地利用与土壤数据集,以及确定土地利用/土壤/坡度类型的组合和分布。该数据集可以是 ESRI 栅格、Shapefile 和地理数据库要素类的格式。矢量数据自动转化为栅格格式,空间分析需要此格式来计算土地利用和土壤数据集的共同区域。土地利用和土壤数据集的投影必须与用于流域划分的 DEM 投影一致。而坡度特征基于流域划分的 DEM 提取。

2)应用

SWAT 水文模型需要土地利用和土壤数据,以确定每个子流域中模拟的每个土地利用-土壤类型的面积和水文参数。Land Use/Soils/Slope Definition 工具引导用户运用已有数据划分 HRU。此外,当定义 HRUs 时,允许组合土地坡度类型,可以选择单坡类或多类。

完成叠置后,一个详细报表就添加到当前工程中。该报表描述流域和每个子流域(子流域)内的土地利用、土壤及坡度类的分布。

3)关键步骤

(1)定义土地利用数据集;

(2)重分类土地利用图;

(3)定义土壤数据集;

(4)重分类土壤图;

(5)重分类坡度图;

(6)叠置土地利用、土壤及坡度图。

提示:定义土地利用、土壤及坡度数据集和进行叠置操作时,必须在一个 ArcSWAT 中完成。如果在操作过程中关闭并重启 ArcMap,软件将保存之前的设置。完成叠置操作后,可以保存当前工程,然后退出 ArcMap,再返回运行随后的 HRU 划分。

4)HRU 分析详细步骤

(1)开始创建。

选择"HRU Analysis"菜单下的"Land Use/Soils/Slope Definition"选项(图 2-63)。

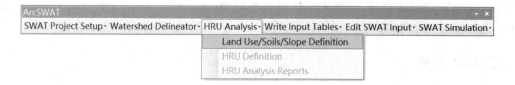

图 2-63 "Land Use/Soils/Slope Definition"选项

打开"Land Use/Soils/Slope Definition"对话框（图 2-64）。

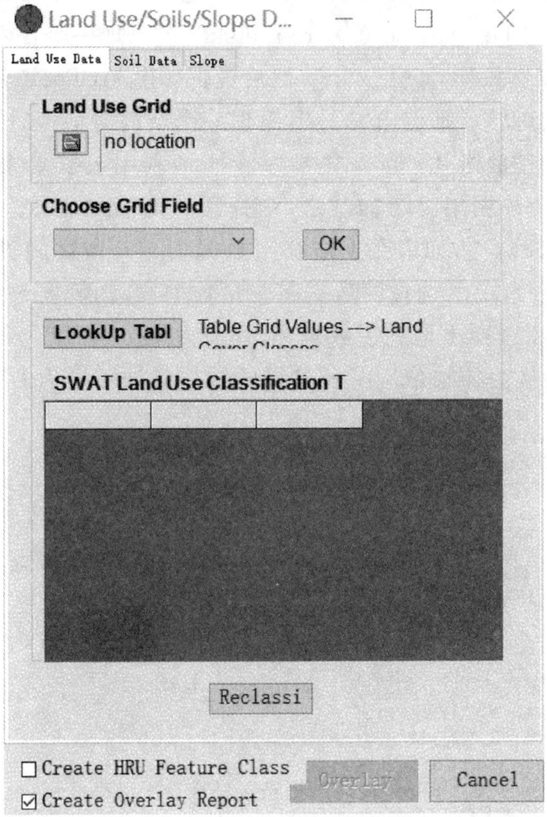

图 2-64 "Land Use/Soils/Slope Definition"对话框

对话框有 3 个选项卡，即 Land Use Dala、Soil Data 和 Slope。

A. Land Use Data 选项卡

a. 定义土地利用/土地覆盖层

点击"Land Use Grid"文本框旁边的"文件浏览"按钮，选择土地利用数据层。会弹出"Select Land Use Data"对话框（图 2-65）。

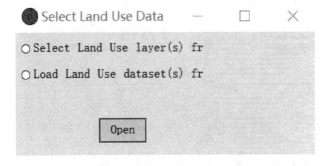

图 2-65 "Select Land Use Data"对话框（一）

如果土地利用层已经显示在地图上,选择"Select Land Use layer(s) from the map"选项,反之,则选择"Load Land Use dataset(s) from disk"选项。点击"Open"。

如果选择"Load Land Use dataset(s) from disk":①出现一个提示框,询问数据是否具有投影(图2-66)。如果没有投影,点击"No",然后返回,用 ArcToolbox 对土地利用数据集进行投影。②如果数据已有投影,则点击"Yes",出现一个新的对话框,选择土地利用数据集(图2-67),可以选择栅格或矢量格式。如果需要多个土地利用数据集来覆盖分析区域,则在文件浏览对话框中选择多个数据集。③加载之后,弹出一条消息,描述土地利用数据集与流域之间的重叠信息(图2-68)。④如果在土地利用数据集与流域之间没有适当的重叠,会收到一个警告信息。⑤如果硬盘上所选择的数据是矢量数据集,则需要改变文件浏览对话框中的"Show of type"列表,然后选择土地利用数据集。⑥选择土地利用代码字段(图2-69)。在创建栅格时,此字段将被转换为栅格值。⑦所选择的数据集被转换为 DEM 格网大小的栅格。

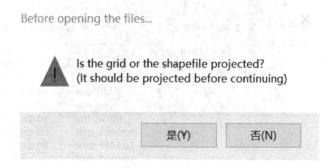

图 2-66　询问数据是否具有投影消息框

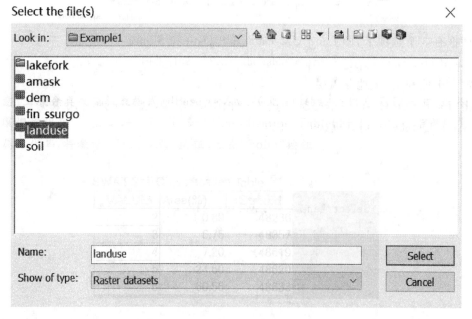

图 2-67　对话框

图 2-68 描述土地利用数据集与流域之间的重叠结果对话框

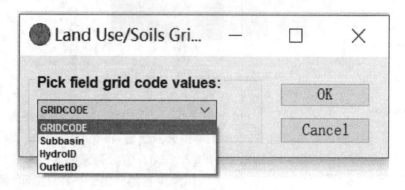

图 2-69 选择土地利用代码字段分组框

如果选择了"Select Land Use layer(s) from the map"(图 2-65):确定数据集是栅格还是矢量格式(图 2-70)。从地图上选择土地利用数据集的名称,然后单击"Open"。如果选择"Shapefile or Feature Class",需要确定土地利用值的字段(图 2-69)。

注意:土地利用栅格的基本单元尺寸,自动设置为 DEM 格网大小。在正确叠置不同图层进行比较时是必需的。

成功加载土地利用数据集,并用流域边界截取后,一个新图层将被添加到土地利用图上(图 2-71)。

生成的栅格路径显示在"Land use Grid"文本框中。以流域面积百分数表示的土地利用栅格值和分类名的表格将留空,并且需要定义土地利用值的字段以及土地利用数据集查找表(图 2-72)。

提示:在土地利用地图加载到工程之前,需要编辑 SWAT Land Use/Plant Growth 或 Urban 数据库,来添加土地利用地图重分类所需的土地覆盖新类型。

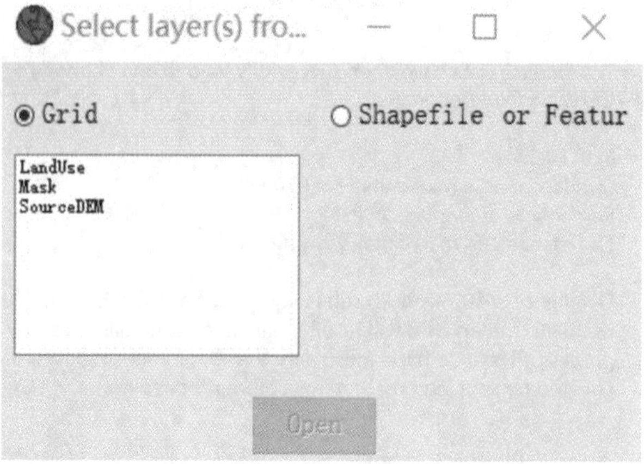

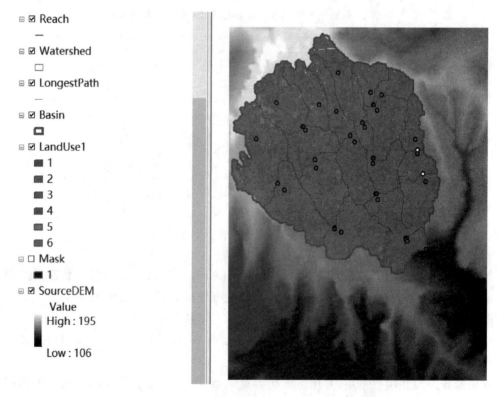

图 2-70 导入数据格式提示框

图 2-71 流域边界截取后的土地利用图

b. 用查找表定义与土地利用图层分类相关的 SWAT 土地覆盖

选择用于重分类的代码/类别值的栅格属性字段(图 2-73)。

点击"OK",则 SWAT Land Use Classification Table 中将填入 Value 和 Area(%)的值(图 2-74)。

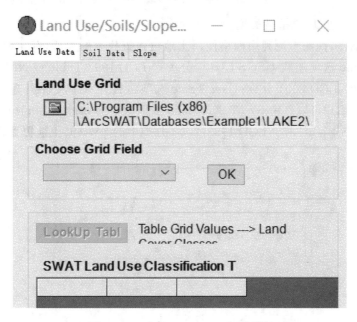

图 2-72 "Land Use Data"对话框

图 2-73 "Choose Grid Field"分组框

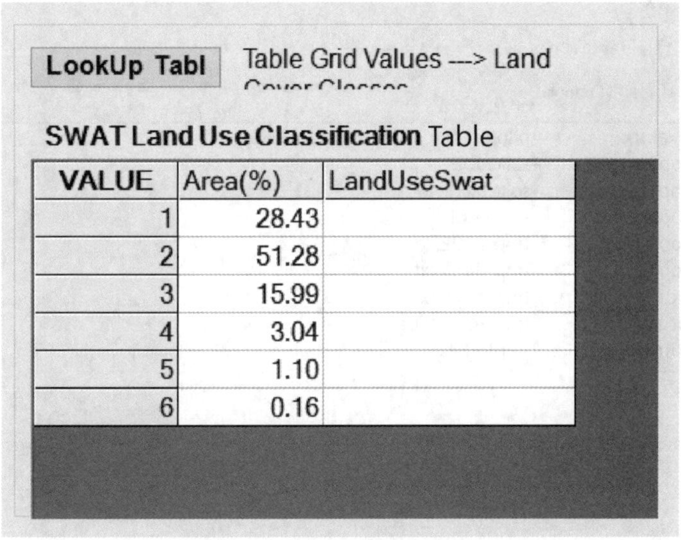

VALUE	Area(%)	LandUseSwat
1	28.43	
2	51.28	
3	15.99	
4	3.04	
5	1.10	
6	0.16	

图 2-74 "SWAT Land Use Classification Table"分组框

要加载查找表中的土地利用类型,点击 LookUp Table 按钮,选择土地利用查找表,链接栅格值与SWAT土地覆盖/植被类型。

出现一个对话框,询问土地利用栅格使用土地覆盖查找表的类型,有3种选择(图2-75):LULC USGS Table 选项加载 USGS LULC 分类;NLCD 1992 Table 或 NLCD 2001 Table 加载 NLCD 1992 或 NLCD 2001 分类;User Table 选项将打开一个文件浏览对话框,来选择用户定义的查找表。用户可以参考 SWAT 2009. mdb 数据库中的 usgs 表和 nled-lu/nled2001-lu 表,分别查看 USGS LULC 和 NLCD 1992/2001 分类中的 SWAT 土地覆盖代码。

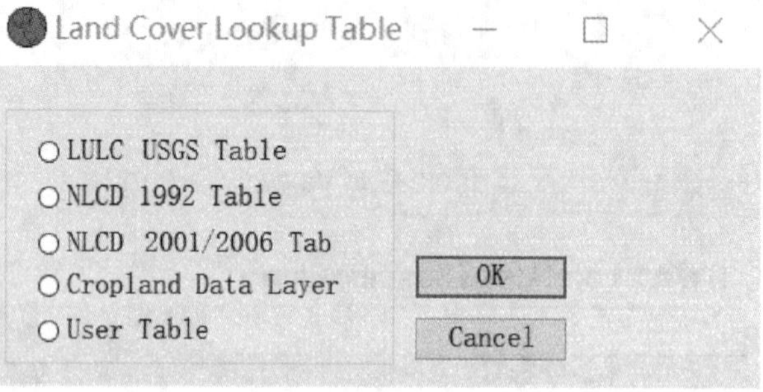

图2-75 "Land Cover Lookup Table"选项

提示:加载土地利用图到工程之前,需要编辑 SWAT Land Use/Plant Growth 或 Urban 数据库,来添加土地利用地图重分类所需的土地覆盖新类型。

如果选择 User Table 选项,则可以选择加载一个文本(.txt)、dBase(.dbf)或地理数据库表(.mdb)文件(图2-76)。选择合适的表类型及适当的表,然后单击"Select"。

注意:土地利用分类信息或查找表的格式[dBase 和 ASCII(.txt)]见第二章第二节"Arc-SWAT 操作要领"部分。

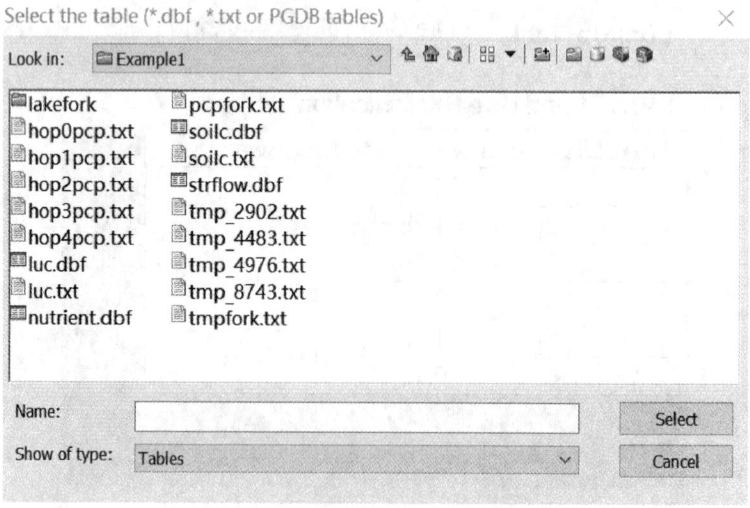

图2-76 "User Table"选项加载数据对话框

指定图上土地利用图层的 SWAT 土地覆盖/植被属性，要用到 SWAT Land Use Classsi－fieation 表中的 LandUseSwat 字段（图 2－77），也可以人工定义土地利用栅格层的 SWAT 土地覆盖类。如果没有土地利用查找表，或一些土地利用代码在土地利用查找表中找不到，或需要重新定义数据集中的一个或多个土地利用类的 SWAT 土地覆盖属性，需要人工定义土地覆盖/植被代码。

LookUp Tabl　Table Grid Values ---> Land Cover Classes

SWAT Land Use Classification T

VALUE	Area(%)	LandUseSwat
1	28.43	RNGE
2	51.28	PAST
3	15.99	FRSD
4	3.04	WATR
5	1.10	AGRL
6	0.16	URBN

图 2－77　SWAT Land Use Classification 表

提示：土地利用查找表中的 LandUseSwat 类为“NOCL”，表明该栅格类在 SWAT 土地覆盖/植被数据库中没有相应的类。此时，修改查找表，或人工指定土地覆盖/植被类。

c. 人工定义与土地利用图层类型相关的 SWAT 土地覆盖

人工定义一个土地覆盖类时，双击 SWAT Land Use Classification 表中的 LandUseSwat 列（图 2－78）。

VALUE	Area(%)	LandUseSwat
1	28.43	
2	51.28	
3	15.99	
4	3.04	
5	1.10	
6	0.16	

图 2－78　SWAT Land Use Classification 表中的 LandUseSwat

弹出一个对话框，要求选择一个土地类的代码或者对应的城镇数据库（图 2－79）。

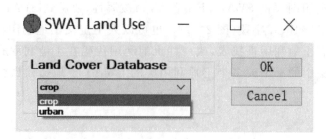

图 2-79 "SWAT Land Use"分组框

弹出包含土地覆盖类的列表框(图 2-80),选择与当前栅格土地利用代码相应的土地覆盖类,然后单击"OK"。

图 2-80 包含土地覆盖类的列表框

所选土地覆盖类将出现在 SWAT Land Use Classification 表的 LandUseSwat 列(图 2-81)。对所有需要定义(或重新定义)的土地利用栅格代码进行此操作。

d. 运用 SWAT 土地覆盖类来重分类土地利用图层

一旦指定所有地图类的 LandUseSwat 代码,将激活"Reclassify"按钮。单击"Reclassify"。如果运行成功,会弹出一个消息框(图 2-82)。

名为"SwatlandUseClass"的图层将显示在图上(图 2-83)。

图 2 - 81 SWAT Land Use Classification 表

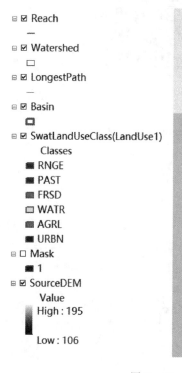

图 2 - 82 "Land use reclassify completed"消息框

图 2 - 83 "SwatLandUseClass"图层

B. Soil Data 选项卡

a. 定义土壤层

点击"Land Use/Soils/Slope Definition"的"Soil Data"选项卡(图 2-84)。

点击"Soils Grid"文本框旁边的"文件浏览"按钮,选择土壤数据集,弹出一个"Select Soils Data"对话框(图 2-85)。

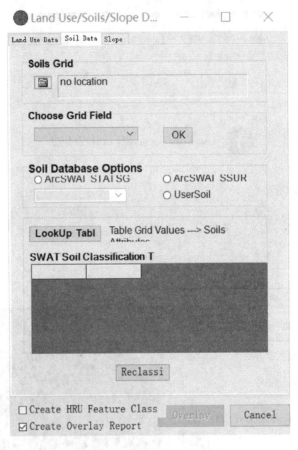

图 2-84 "Soil Data"选项卡

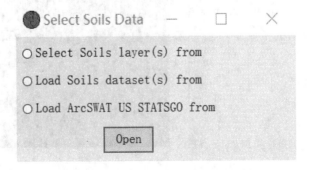

图 2-85 "Select Soil Data"对话框(二)

如果土壤层已显示在地图上,则选择"Select Soils layer(s)from the map"选项。否则,选择"Load Soils dataset(s)from disk"选项。此外,如果已经下载并且安装了 ArcSWAT US STATSGO 数据库,也可以选择"Load ArcSWAT US STATSGO from disk"选项,然后点击"Open"。

如果选择了"Load Soils dataset(s)from disk":①出现一条消息,询问数据是否投影(图 2-86)。如果没有投影,点击"No",然后返回,用 ArcToolbox 投影该土壤数据集。②如果数据已有投影,则点击"Yes",显示一个新的对话框,选择土壤数据集(图 2-87),可以选择栅格或者矢量格式。如果需要覆盖分析区域的多个土地利用数据集,可以在"文件浏览"对话框中选择多个数据集。③加载之后,弹出一条消息,描述土壤数据集与该流域之间的重叠信息(图 2-88)。④如果所选择的数据是矢量数据集,则需要改变"文件浏览"对话框中的"Show of type"列表,然后选择土壤数据集。⑤选择土壤数据集中的土壤代码字段。此字段在创建栅格时,被转换为栅格值。⑥所选的数据集转换为 DEM 格网大小的栅格。⑦如果土壤数据集与该流域之间没有重叠,将弹出一个错误警告消息。

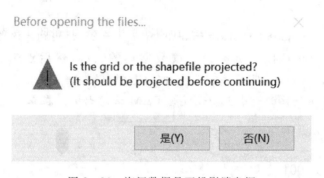

图 2-86　询问数据是否投影消息框

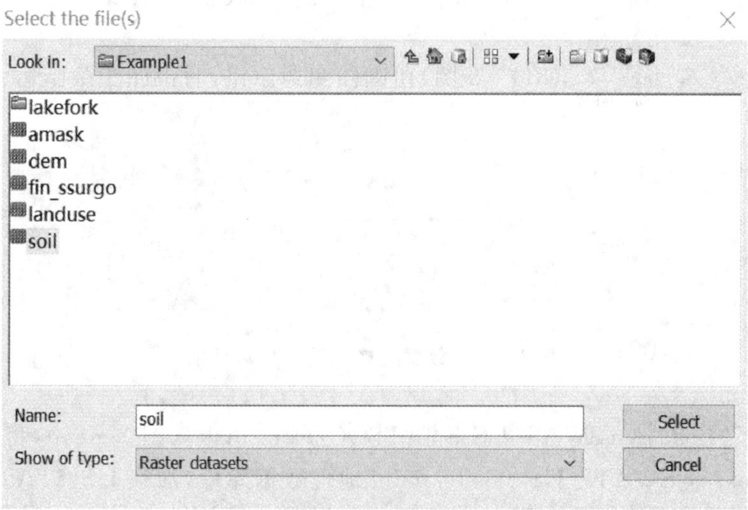

图 2-87　选择土壤数据集的对话框

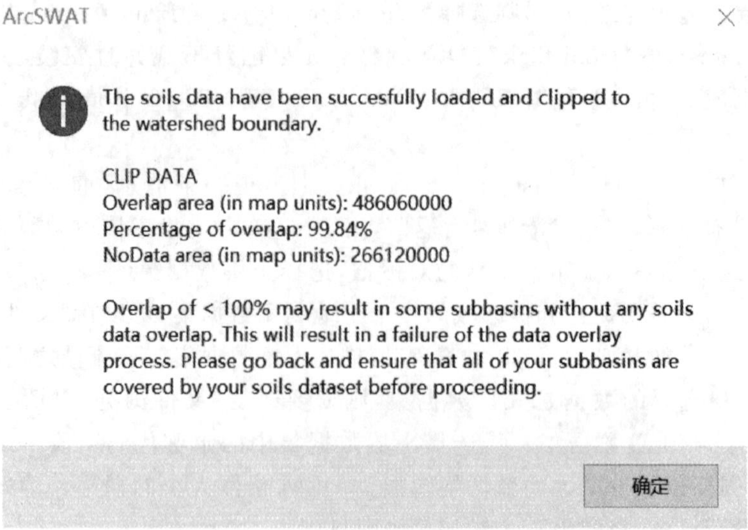

图 2-88 土壤数据集与流域之间的重叠信息消息框

如果选择了"Select soils layer(s) from the map"(图 2-85):确定该数据集是栅格还是矢量格式(图 2-89)。从地图上选择该土壤数据集的名称,然后点击"Open"。如果选择"Shapefile of Feature Class",需要确定该土壤值的字段(图 2-90)。

注意:该土壤数据栅格的大小自动设置为 DEM 格网大小。在正确叠加不同图层进行比较时是必需的。

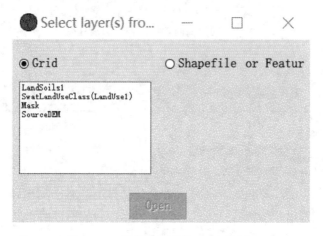

图 2-89 数据集格式的选择对话框

如果选择了"Load ArcSWAT US STATSGO from disk"(图 2-85),将自动从"InstallationDir/Databases/SWAT-US-Soils.mdb"地理数据库中,加载 US STATSGO 栅格。运用流域边界进行截取,加载并应用数据库中的相关土壤查找表。然后进行 Reclassify 操作,相关介绍见"d. 使用查找表指定土壤属性信息"部分。

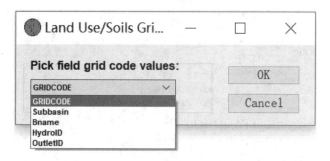

图 2-90 "Land Use/Soils Grid Code"分组框

成功加载土壤数据集,并用流域边界截取之后,一个新图层将被添加到地图中(图 2-91)。

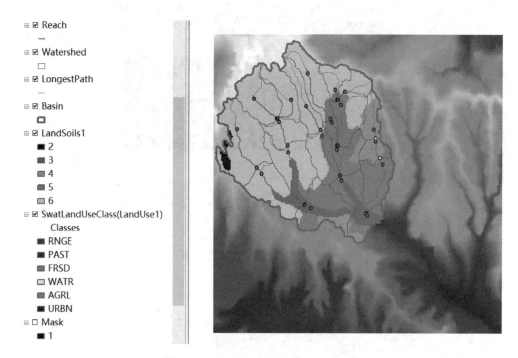

图 2-91 加载成功的土壤分类图层

生成的栅格路径显示在"SoilGrid"文本框中。以流域面积百分数表示的土壤栅格值和分类名的表格将留空,并且需要定义土壤栅格值的字段以及土壤数据集查找表(图 2-92)。

b. 定义与土壤层类型相关的 SWAT 土壤

选择用于重分类的代码/类型值的栅格属性字段(图 2-93)。

点击"OK",则 SWAT Soils Classifieation Table 中将填入 Value 和 Area(%)的值(图 2-94)。

土壤地图类必须链接到其中之一的数据库:ArcSWAT STATSGO database、ArcSWAT SSURGO database 或者 User Soils database。全美国的 STATSGO 数据包含一个可以从 SWAT 网页下载的可选数据库。ArcSWAT SSURGO 数据库包含美国境内所有 SSURGO

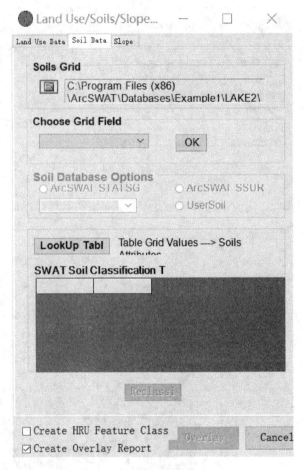

图 2-92 土壤数据集选项卡

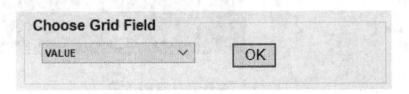

图 2-93 选择用于重分类的代码/类型值的栅格属性字段分组框

测绘单位的 SWAT 土壤属性。SSURGO 空间数据必须独立处理才能在 ArcSWAT 中使用。如果选择了"STATSGO 数据库"选项,则用户可以从 4 个数据库字段中进行选择,以将空间数据集地图单元 ID 连接到 STATSGO 表格数据集(图 2-95)。"Stmuid"选项会将 STATSGO 多边形中主要土壤系列的数据分配给 HRU。"Stmuid + Seqn"或"Stmuid + Name"选项将为用户提供一种方法,可将土壤序列中除优势序列以外的数据分配给 HRU。如果要将土壤系列或 Soils5 分类链接到 STATSGO 数据库,请选择"S5id"选项。

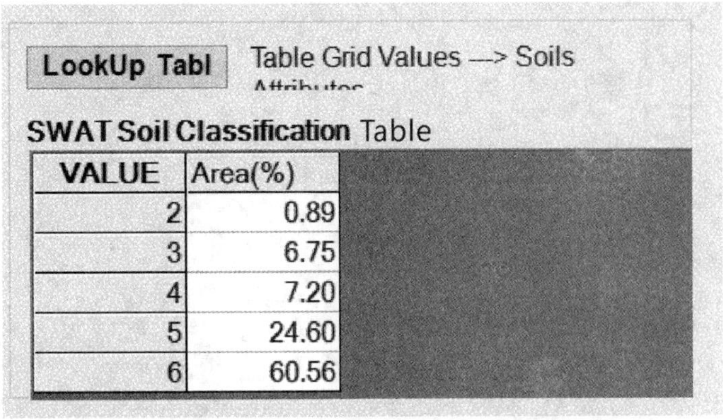

图 2-94 "SWAT Soils Classification Table"分组框(一)

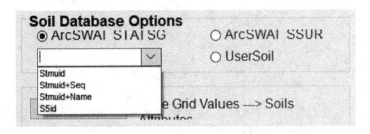

图 2-95 "SWAT Soils Classification Table"分组框(二)

对于土壤,可以通过属性数据将地图类链接到两个数据库之一的土壤信息。该属性数据可以人工输入,或者通过查找表加载。

c. 人工指定土壤属性数据

若用户提供土壤数据,点击单选按钮 ⊙ UserSoil 。

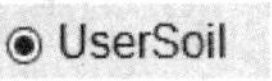

该 Name 列将被添加到 SWAT Soil Classification Table。双击 Name 列,指定土壤名称(图 2-96)。

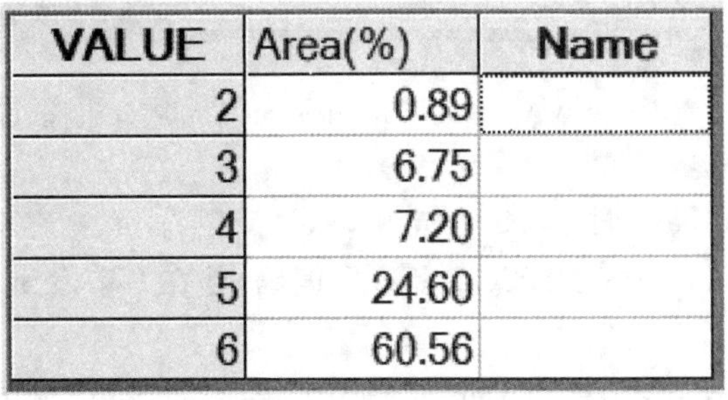

图 2-96 "SWAT Soil Classification Table"分组框(三)

弹出一个对话框,列出了 User Soils database 中的所有土壤(图 2 - 97)。

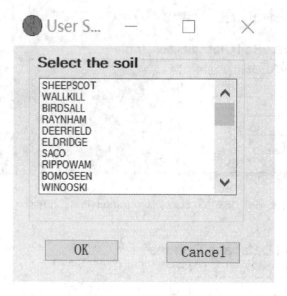

图 2 - 97　土壤类别表

选择土壤,然后点击“OK”。所选的土壤名称被添加到 SWAT Soil Classification Table 中(图 2 - 98)。对所有土壤进行此操作。

提示:重分类土壤栅格之前,应该在 User Soils database 中输入土壤项及数据集。

SWAT Soil Classification T

VALUE	Area(%)	Name
2	0.89	PANTON
3	6.75	
4	7.20	
5	24.60	
6	60.56	

图 2 - 98　“SWAT Soil Classification Table”分组框(四)

使用 STATSGO database 时,有 4 个选项。

①Stmuid:用户指定 State STATSG0 多边形编码,并在 STATSGO 多边形中选择主要土壤相。

点击 Stmuid 单选按钮;双击各自的记录,会弹出一个对话框,输入 State STATSGO 多边形编码(图 2 - 99);在文本框中输入 Stmuid 编码,然后点击“OK”。现在就可以设置所选记录的该项。

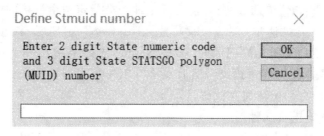

图 2-99 "Define Stmuid number"对话框

②"S5id":用户指定 USDA 土壤系数据的 Soils5ID 号。

点击"S5id"单选按钮;双击各自的记录,会弹出一个对话框,输入 Soils5ID 号(图 2-100);在文本框中输入 Soils5ID 号,然后点击"OK",就可以设置所选记录的该项。

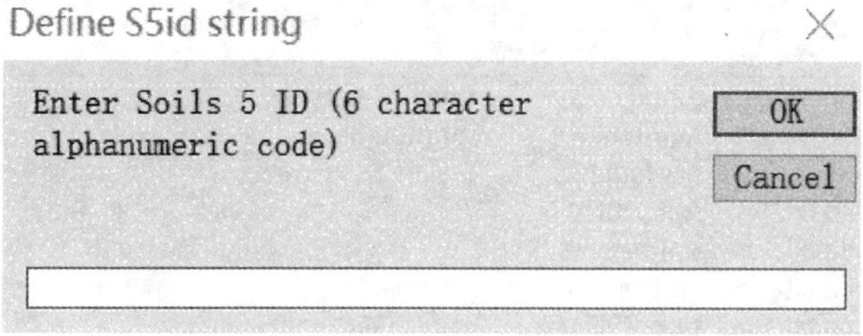

图 2-100 "Define S5id string"对话框

③"Stmuid+Seqn":用户指定 State STATSGO 多边形编码和土壤相的序列号。

点击"Stmuid+Seqn"单选按钮;必须为每个地图类指定两个链接的属性记录;双击"Stmuid"记录时,弹出一个对话框(图 2-97)。输入 State STATSCO 多边形编码,然后点击"OK"。该 Stmuid 号将列于所选记录中。双击"Seqn"记录,将弹出一个对话框,输入一个按优先顺序排列的序列号(1=主要,2=次主要等),用于选择 HRUs 的土壤系列数据,该 HRUs 包含 STATSGO 多边形(图 2-101);在文本框中输入序列号,然后点击"OK",就可以设置所选记录的该项。

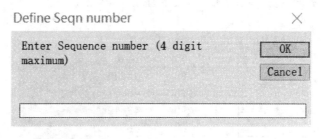

图 2-101 "Define Seqn number"对话框

④"Stmuid+Name":用户指定 State STATSG0 多边形编码及土壤系列名称。

点击"Stmuid ＋Name"单选按钮；必须为每个地图类指定两个链接的属性记录；双击"Stmuid"记录时，弹出一个对话框（图 2－97），输入 State STATSCO 多边形编码，然后点击"OK"，该 Stmuid 号就列于所选的记录里；双击"Name"记录，将弹出一个对话框，输入土壤系列名称；在文本框中输入土壤系列名称，然后点击"OK"，就可以设置所选记录的该项。重复以上步骤，直到指定所有的土壤属性代码。

d. 使用查找表指定土壤属性信息

要加载一个查找表，点击"Look－up table Grid Values"菜单下的"Soil Atributes"按钮，选择该土壤的查找表。

会弹出一个对话框，从硬盘上选择并且加载该查找表（图 2－102）。可以选择加载一个文本（.txt）、dBase（.dbf）或地理数据库表（.mdb）格式的文件。选择适当的表类型及合适的表，然后点击"Select"。

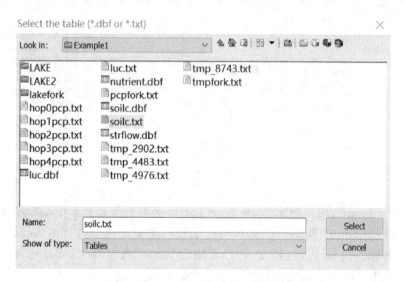

图 2－102　"Select the table"对话框

注意：土壤分类或查找表格式[dBase 和 ASCI(.txt)]的相关信息见第三章；选择查找表中的土壤栅格代码，并且填写 SWAT Soil Classification Table（图 2－103）；指定所有地图类的土壤属性代码，将激活"Reclassify"按钮，点击"Bolm"按钮。

SWAT Soil Classification Table		
VALUE	Area(%)	Stmuid
2	0.89	48236
3	6.75	48357
4	7.20	48619
5	24.60	48620
6	60.56	48633

图 2－103　"SWAT Soil Classification Table"分组框（五）

名为"SwatSoilClass"的新图层将显示在图上(图2-104)。
现在土壤数据层加载成功。

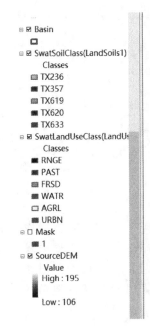

图2-104 "SwatSoilClass"图层

C. Slope 选项卡

ArcSWAT 中的 HRU 分析,除土地利用和土壤外,还包括根据坡度类划分 HRU,当子流域的坡度变化较大时尤为重要。在 ArcSWAT 中,要求根据流域划分时使用的 DEM,来创建一个坡度分类,即使只有一个坡度类将被使用。

定义坡度类:

a. 点击 Land Use/Soils/Slope Definition 的"Slope"选项卡(图2-105)。

b. 流域内坡度范围的信息显示在 Slope Discretization 部分:最小、最大、平均及中值的统计信息,帮助确定所需坡度类的数量以及范围。

c. 如果 HRU 划分中只需要一个坡度类,则选择"Singe Slope"选项(图2-106)。

d. 如果该 HRU 划分需要多个坡度类,选择"Multiple Slope"选项,则 Slope Classes 部分将被激活(图2-107)。

e. 从 Number of Slope Cl 下拉框中选择坡类数目,范围为1~5,超过5个不切实际,3个或更少的坡类足以满足多数情况。

f. 选择坡类数量之后,SWAT Slope Classification Table 被激活,坡类信息添加到该表中(图2-108)。

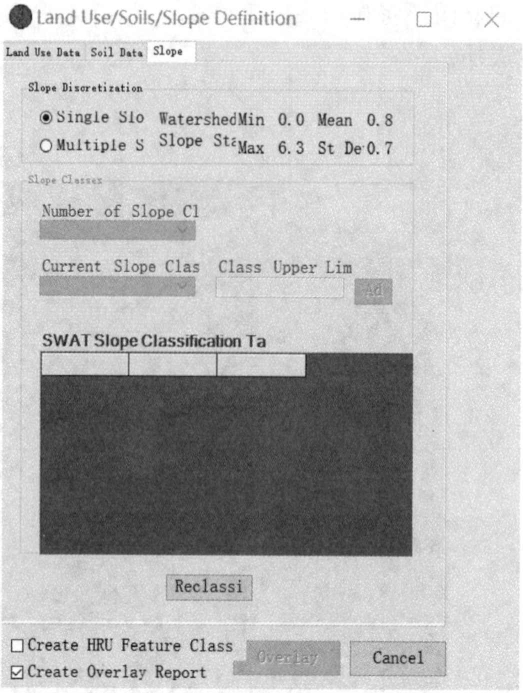

图 2-105　Land Use/Soils/Slope Definition 的"Slope"选项卡

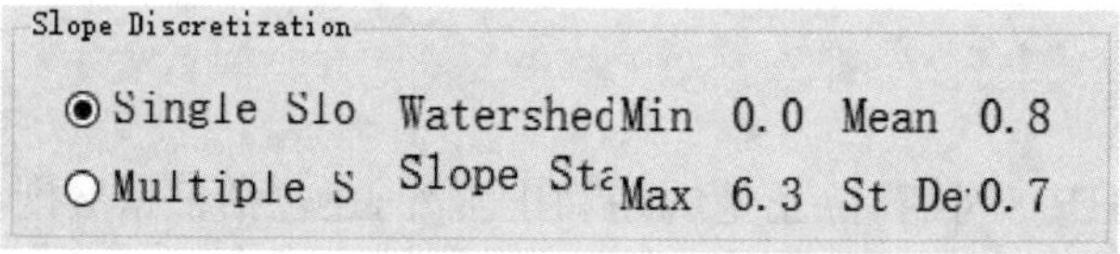

图 2-106　"Slope Discretization"分组框

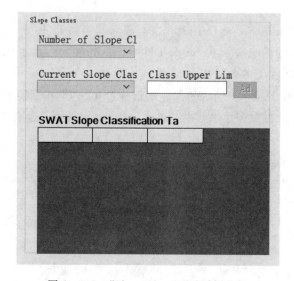

图 2-107　"Slope Classes"对话框(一)

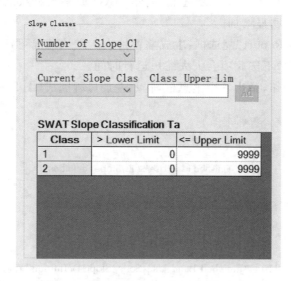

图 2-108 "Slope Classes"对话框(二)

g. 从"Cuurent Slope Class"框下拉选择"1",然后在"Class Upper Limit"文本框中输入该坡类的上限值,此处设为 1,这些类的单位为百分数(%)。点击"Add"按钮,更新 SWAT Slope Classification Table 内容(图 2-109)。

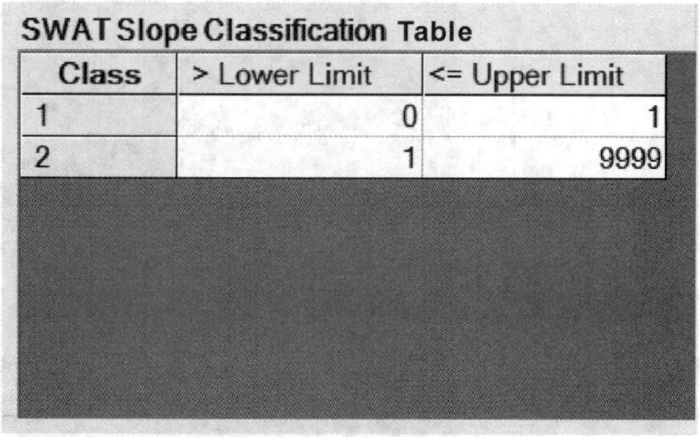

图 2-109 "SWAT Slope Classification Table"分组框

h. 对所有定义的坡类重复此步骤。不需要为最高坡类输入坡度类的上限值,默认设置为 9999。

i. 当完成坡类定义时,点击 Reclasify 按钮,则名为"LandSlope"的新图层被添加到该地图上。

j. 坡类定义完成。

(2)叠加土地利用、土壤和坡度层。

A. 当重分类土地利用、土壤及坡度栅格时, 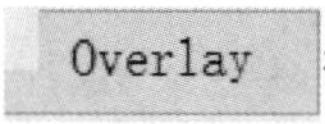 Overlay 按钮被激活,点击"Overlay"按钮。

B. "Create HRU Feature Class"复选框：创建 HRU 要素类。默认情况下不选择。选择后，叠加操作的计算时间明显增加。

C. "Create Overlay Report"复选框：生成叠置报表。默认情况下选择此项。在具有大量子流域(＞10000)模型中，不选此项会大大缩短运行时间。

D. 点击"Overlay"按钮，弹出一个消息框，提示叠加过程完成(图 2-110)。

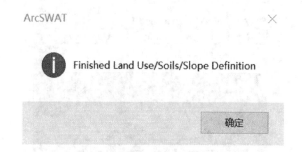

图 2-110 "Finished Land Use/Soils/Slope Definition"消息框

如果检查了 Create HRU Feature Class，名为"FullHRU"的新图层将被添加到该地图上(图 2-111)。此数据集包含所有土地利用、土壤及坡类的各种组合。

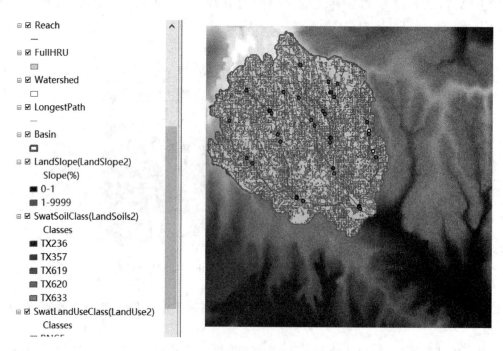

图 2-111 "FullHRU"图层

E. 叠加过程期间，生成名为"Land Use、Soils、Slope Distribution"的报表。报表详细描述了流域和所有子流域中土地利用、土壤及坡类的分布。要访问报表，点击"HRU Analysis"菜单下面的"HRU Analysis Reports"选项。将弹出一个对话框，列出可用的报表(图 2-112)。

图 2-112 "HRU Analysis Reports"对话框

F. 选择名为"Land Use、Soils、Slope Distribution"的报表,然后点击"OK"。该报表将以文本形式显示(图 2-113)。

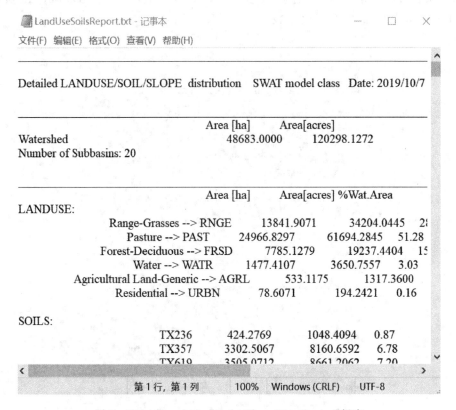

图 2-113 "Land Use、Soils、Slope Distribution"报表

2. HRU 定义

(1)目的:叠加完土地利用、土壤及坡度数据层之后,必须确定流域内 HRUs 的分布。可

通过"HRU Analysis"菜单下的"HRUs Definition"命令,来指定确定 HRU 分布的标准。可以为每个子流域创建一类或多类土地利用/土壤/坡度组合(HRUs)。

(2)应用:将流域划分为具有不同土地利用和土壤组合的区域,来反映不同土地覆盖/植物及土壤的蒸散发量和其他水文条件的差异。分别预测各 HRU 的径流并演算,获得整个流域上的总径流量。这样大大提高了负荷预测的精确度,提供了一个更具物理性的水量平衡描述。

确定 HRU 分布时,有两个选择,即为各子流域指定一个 HRU 或者多个 HRUs。如果选择指定一个 HRU,通过各子流域内的主要土地利用类型、土壤类型和坡类决定 HRU;如果选择指定多个 HRUs,用户可以指定土地利用、土壤及坡度数据敏感性,来确定各子流域内 HRUs 的数量和种类。

(3)关键步骤:①各子流域选择单个或多个 HRUs;②对于多个 HRUs,定义土地利用和土壤的阈值;③设置土地利用细化参数,划分 HRU 的土地利用类,定义阈值之外的特定土地利用类型(可选);④确定 HRU 分布。

(4)具体操作。

①从"HRU Analysis"菜单下选择"HRU Definition",显示"HRU Definition"对话框,激活"HRU Thresholds"选项卡(图 2-114)。

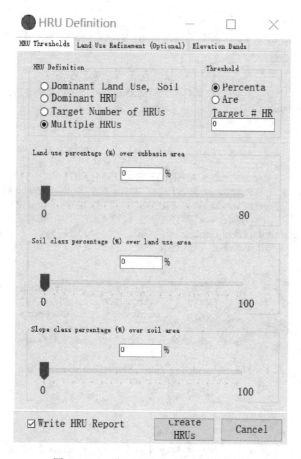

图 2-114 "HRU Thresholds"选项卡

②有 3 个单项按钮：Dominant Land Use、Soils、Slope，Dominant HRU 和 Multiple HRUs。用户必须选择用于创建 HRUs 的方法所对应的按钮。

A. Dominant Land Use、Soils、Slope：为每个子流域创建一个 HRU。在该 HRU 中，模拟子流域中的主要土地利用、土壤和坡类。

B. Dominant HRU：为每个子流域创建一个 HRU。模拟子流域中 HRU 上土地利用、土壤及坡类的单一主要组合。

C. Multiple HRUs：为每个子流域创建多个 HRUs，默认情况下选择该选项。要激活该选项，选择此单选按钮。

现在激活 3 个滑动条和"Threshold"分组框（图 2-115）。该阈值可以基于相对面积或绝对面积定义，分别由"Threshold"分组框中的"Percentag"和"Area"单选按钮控制。

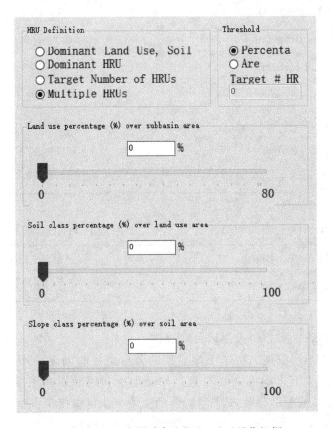

图 2-115　3 个滑动条和"Threshold"分组框

土地利用滑动条控制阈值的设定。通过该阈值，清除各子流域内的次要土地利用类。

覆盖子流域面积的百分数（或面积）小于阈值的土地利用类将被清除掉。清除后，重分配其余土地利用类的面积百分数，这样子流域中 100％的土地面积可被模拟。

例如，假设有一个子流域，它包含 35％的玉米地、30％的草地、21％的林地、10％的果园地、4％的城镇用地。

如果土地利用的阈值设置为 20％，将创建草地、林地和玉米地的 HRUs。模拟的土地利用面积百分数将被修改,具体如下。
　　玉米:(35%÷86%)×100%=41%
　　草地:(30%÷86%)×100%=35%
　　林地:(21%÷86%)×100%=24%
　　其中,86%是草地、林地和玉米地占子流域面积的初始百分比之和。
　　土壤滑动条基于不同土壤类型上所选土地利用的分布来控制创建额外的HRUs。运用该分数来清除土地利用面积中的次要土壤类。类似土地利用面积,清除次要土壤类后,重分配剩余的土壤面积百分数,这样100%的土地利用面积可被模拟。
　　例如,假设在土地利用、土壤、坡度叠加期间由软件运行的叠加,确定了子流域中草地的土壤分布:

20%的Houston Black	4%的Purves
25%的Branyon	3%的Bastrop
15%的Heiden	2%的Altoga
10%的Austin	1%的Eddy
7%的Stephen	1%的San Saba
6%的Denton	1%的Ferris
5%的Frio	

如果土地利用面积内土壤的阈值设置为10%,则创建的HRUs如下:

草地/Houston Blank	草地/Heiden
草地/Branyon	草地/Austin

　　子流域中模拟的各土地利用类都进行此过程。
　　坡度滑动条基于不同坡类上所选土壤类型的分布来控制创建额外的HRUs。用该分数清除特定土地利用区域上土壤的次要坡类。如同土地利用面积和土壤面积,清除次要坡类后,重分配剩余的坡类面积百分数,这样100%的土壤面积可被模拟。
　　例如,假设叠加的土地利用、土壤、坡度确定了子流域草地上Branyon土壤的如下坡度分布:
　　50%:0~1%的斜坡;
　　35%:1%~2%的斜坡;
　　15%:>2%的斜坡。
　　如果土地利用面积上土壤坡度的阈值设置为20%,则创建的HRUs如下。
　　草地/Branyon/0~1%的斜坡;
　　草地/Branyon/1%~2%的斜坡。

子流域中模拟的各土地利用类的土壤类都进行此过程。

为多个 HRUs 设置的阈值,是工程目标和建模所需详细程度的函数。对于大多数应用,默认下的设置是适当的:土地利用阈值(20%)、土壤阈值(10%)及坡度阈值(20%)。此处设为土地利用阈值(5%)、土壤阈值(20%)及坡度阈值(20%)。

移动第一个滑动条上的指针,指定土地利用的阈值(图 2-116)。

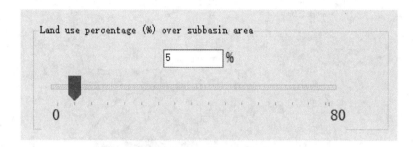

图 2-116 土地利用阈值滑动条

移动第二个滑动条上的指针,指定土壤的阈值(图 2-117)。

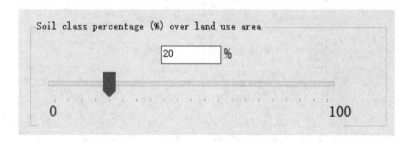

图 2-117 土壤阈值滑动条

移动第三个滑动条上的指针,指定坡度的阈值(图 2-118)。

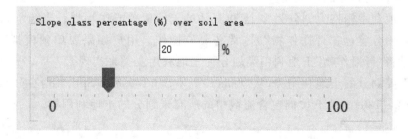

图 2-118 坡度阈值滑动条

基于数据集中的有效值,设置滑动条的最小值和最大值,然而,如果输入滑动条有效范围之外的值,会收到错误提示消息。

③至此,在运用阈值和创建 HRUs 之前,需要完善一些额外的土地利用细化设置。在"Land Use Refinement(Optional)"选项卡中(图 2-119),可定义特定的土地利用类,来分成多个"土地利用亚类",并设置土地利用阈值以外的特定土地利用类。

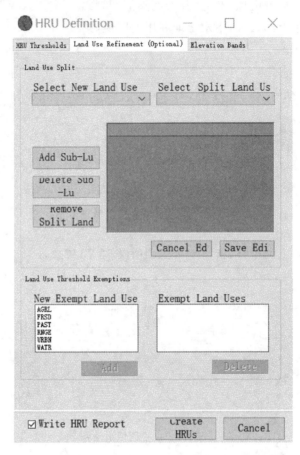

图 2-119 "Land Use Refinement(Optional)"选项卡

(5)土地利用类划分的相关设置。

将一个土地利用栅格类划分为多个、更具体的土地覆盖或作物类。当源空间数据集包含概略的土地利用分类,如"行播作物"时,常需要该操作。用户如果要单独模拟"玉米"和"大豆",可以通过将"行播作物"土地利用类划分为土地利用亚类来实现。

要选择需要划分的土地利用类,从"Select New Land Use to Split"下拉框中,选择一个土地利用类(图 2-120)。此下拉框包含流域中的所有未划分的土地利用类。

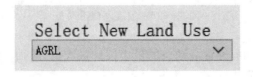

图 2-120 "Select New Land Use to Split"下拉框(一)

在土地利用亚类表中,将出现一个新记录(图 2-121)。该表有 3 列:①Landuse 代表基于空间数据集和查找表定义的"源"土地利用类;②Sub-Lu 代表源土地利用类的土地利用亚类;③Percent 代表土地利用亚类占源土地利用类的百分数。默认情况下,当选择一个要划分的新土地利用类时,源土地利用类将作为土地利用亚类加载到该表中,并且 Percent 列设置为 100。

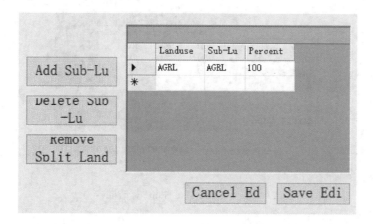

图 2-121 土地利用亚类表

要添加一个土地利用亚类,点击"Add Sub-lu"按钮。将弹出一个对话框,包含一个来自 SWAT 作物数据库的土地覆盖类列表(图 2-122)。选择要创建的土地利用亚类,然后点击"OK"。

图 2-122 "Sub-Landuse"下拉框

该新的土地利用亚类将出现在土地利用亚类表中(见图 2-123 表格部分)。如果需要,添加另外的土地利用亚类。

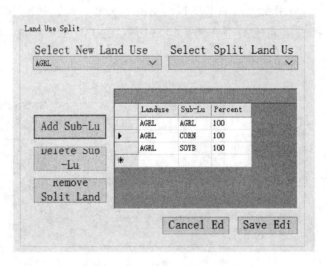

图 2-123 "Land Use Split"对话框(一)

要删除一个土地利用亚类,选择要删除的记录,然后点击"Delete Sub-Lu",则从此表中删除该土地利用亚类(图 2-124)。

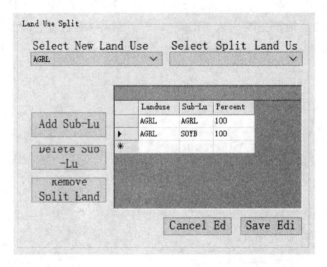

图 2-124 "Land Use Split"对话框(二)

通过直接输入,设置表中 Percent 值,Percent 的总和等于 100。如果百分数相加不等于 100,点击"Save Edits"按钮之后,会弹出一个错误消息(图 2-125)。

正确设置百分数之后,点击"Save Edits"按钮。将弹出一个消息,显示已成功保存该编辑(图 2-126)。此外,一个名为"SplitHrus"的表被写入 SWAT 工程地理数据库,此表记录已被划分的源土地利用及其土地利用亚类和百分数。

图 2-125　错误消息框

图 2-126　"Edits Saved"提示框

关闭土地利用亚类表。选择一个要划分的新土地利用类,或者返回,编辑之前定义的土地利用类。

可能想编辑一个源土地利用类已定义的土地利用亚类所占百分数,从"Select Split Land Use to Edit"下拉框中,选择划分的土地利用类(图 2-127)。

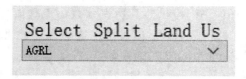

图 2-127　"Select Split Land Use to Edit"下拉框

当前百分数的设置显示在土地利用亚类表中(图 2-128)。

可以编辑该表中的百分数,或者添加其他的土地利用亚类。如果要取消编辑,点击"Cancel Edit"按钮,则编辑停止,并且恢复以前的设置。

要删除已划分的土地利用类,并将其返回到原始单一土地利用类状态,则在土地利用亚类表可编辑状态下点击"Remove Split Land Use"按钮。现在,此土地利用将返回到"Select New Land Use to Split"下拉框中(图 2-129)。

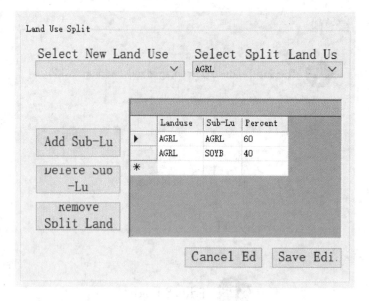

图 2-128 "Land Use Split"对话框(三)

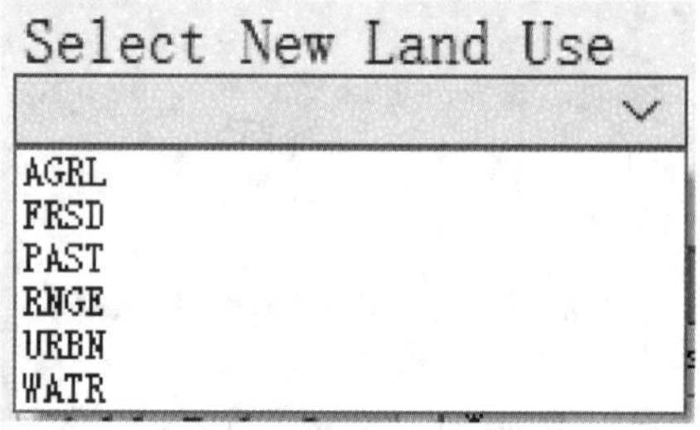

图 2-129 "Select New Land Use to Split"下拉框(二)

(6)设置"Land Use Threshold Exemptions"。

"HRU Thresholds"选项卡中设置的土地利用阈值,是子流域内 HRU 部分土地利用覆盖的百分数(或面积)的最小值。有时,虽然其所占分数小于阈值,但用户如果想将这些特定土地利用作为 HRU 的部分土地利用类型,通过指定这些特定土地利用免除该阈值标准来实现。"Land Use Threshold Exemptions"对话框如图 2-130 所示。

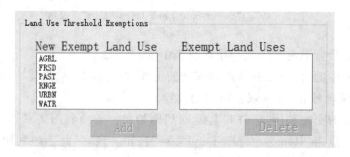

图 2-130 "Land Use Threshold Exemptions"对话框

要选择受免除的土地利用,从"New Exempt Land Use"列表框中选择一个或多个土地利用类,然后点击"Add"按钮(图 2-131)。列表框中包括流域中未免除处理之前的所有土地利用类型。

注意:如果已经定义了划分的土地利用,则该下拉框包括源土地利用,而不是土地利用亚类。

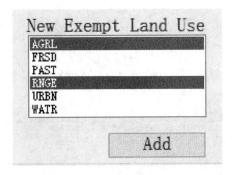

图 2-131 "New Exempt Land Use"列表框

所选的土地利用将显示在"Exempt Land Uses"列表框中(图 2-132)。名为"LuExempt"的表列出了当前工程中被免除的土地利用,写入 SWAT 工程地理数据库。

图 2-132 "Exempt Land Uses"列表框

要从被免除组中删除土地利用类型,需在"Exempt Land Uses"列表框中选择要删除的项,然后点击"Delete"按钮。

完成所有 HRU 阈值和土地利用细化后,点击"Create HRUs"按钮,则生成 HRU。

创建 HRUs 后,弹出一个消息对话框(图 2-133)。

点击"OK",生成名为"Final HRU Distribution"的报表。该表详细描述了流域和所有子流域运用阈值、土地利用类、土壤类和坡度类的分布,并且列出了各子流域土地利用/土壤/坡度类的 HRUs 数量及空间范围。如需访问该报表,点击"HRU Analysis"菜单下的"HRU Analysis Reports",选择"Final HRU Distribution",点击"OK"。

创建名为"hrus"的 ArcSWAT 地理数据库表,并添加到当前地图文档。该表给出了流域和所有子流域中 HRUs、土地利用、土壤和坡度类的详细分布(图 2-134)。

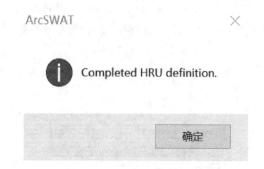

图 2-133　“Completed HRU definition”消息对话框

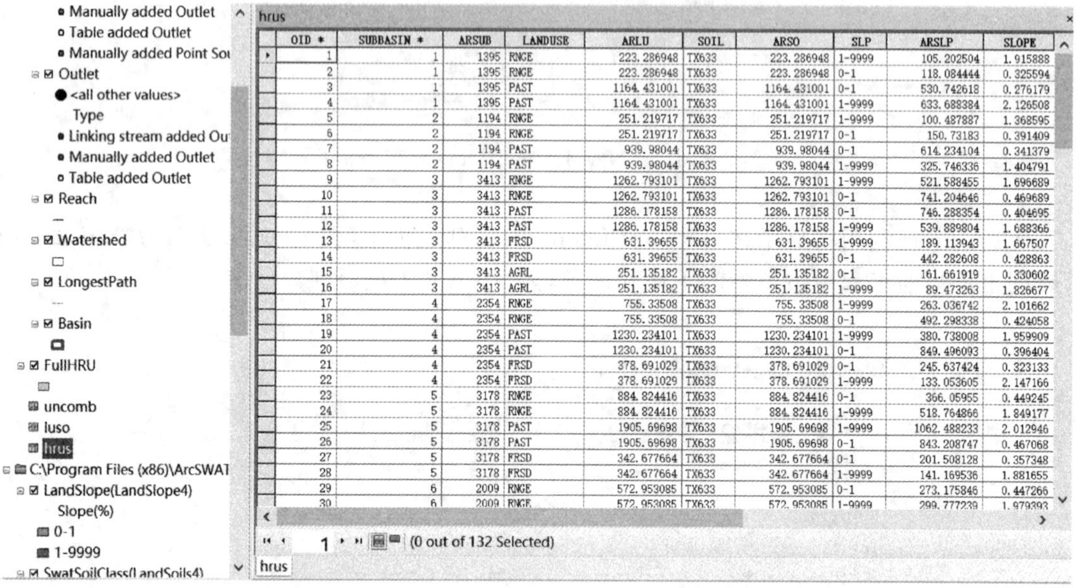

OID *	SUBBASIN *	ARSUB	LANDUSE	ARLU	SOIL	ARSO	SLP	ARSLP	SLOPE
1	1	1395	RNGE	223.286948	TX633	223.286948	1-9999	105.202504	1.915888
2	1	1395	RNGE	223.286948	TX633	223.286948	0-1	118.084444	0.325594
3	1	1395	PAST	1164.431001	TX633	1164.431001	0-1	530.742618	0.276179
4	1	1395	PAST	1164.431001	TX633	1164.431001	1-9999	633.688384	2.126508
5	2	1194	RNGE	251.219717	TX633	251.219717	1-9999	100.487887	1.368595
6	2	1194	RNGE	251.219717	TX633	251.219717	0-1	150.73183	0.391409
7	2	1194	PAST	939.98044	TX633	939.98044	0-1	614.234104	0.341379
8	2	1194	PAST	939.98044	TX633	939.98044	1-9999	325.746336	1.404791
9	3	3413	RNGE	1262.793101	TX633	1262.793101	1-9999	521.588455	1.696689
10	3	3413	RNGE	1262.793101	TX633	1262.793101	0-1	741.204646	0.469689
11	3	3413	PAST	1286.178158	TX633	1286.178158	0-1	746.288354	0.404695
12	3	3413	PAST	1286.178158	TX633	1286.178158	1-9999	539.889804	1.688366
13	3	3413	FRSD	631.39655	TX633	631.39655	1-9999	189.113943	1.667507
14	3	3413	FRSD	631.39655	TX633	631.39655	0-1	442.282608	0.428863
15	3	3413	AGRL	251.135182	TX633	251.135182	0-1	161.661919	0.330602
16	3	3413	AGRL	251.135182	TX633	251.135182	1-9999	89.473263	1.826677
17	4	2354	RNGE	755.33508	TX633	755.33508	1-9999	263.036742	2.101662
18	4	2354	RNGE	755.33508	TX633	755.33508	0-1	492.298338	0.424058
19	4	2354	PAST	1230.234101	TX633	1230.234101	1-9999	380.738008	1.959909
20	4	2354	PAST	1230.234101	TX633	1230.234101	0-1	849.496093	0.396404
21	4	2354	FRSD	378.691029	TX633	378.691029	0-1	245.637424	0.323133
22	4	2354	FRSD	378.691029	TX633	378.691029	1-9999	133.053605	2.147166
23	5	3178	RNGE	884.824416	TX633	884.824416	0-1	366.05955	0.449245
24	5	3178	RNGE	884.824416	TX633	884.824416	1-9999	518.764866	1.849177
25	5	3178	PAST	1905.69698	TX633	1905.69698	1-9999	1062.488233	2.012946
26	5	3178	PAST	1905.69698	TX633	1905.69698	0-1	843.208747	0.467068
27	5	3178	FRSD	342.677664	TX633	342.677664	0-1	201.508128	0.357348
28	5	3178	FRSD	342.677664	TX633	342.677664	1-9999	141.169536	1.881655
29	6	2009	RNGE	572.953085	TX633	572.953085	0-1	273.175846	0.447266
30	6	2009	RNGE	572.953085	TX633	572.953085	1-9999	299.777239	1.979393

图 2-134　名为“hrus”的 ArcSWAT 地理数据库表

(三)气象资料输入

HRU 分布确定之后，输入用于流域模拟的气象数据。运用“ArcSWAT”工具栏中“Write Input Tables”菜单项的第一个命令，加载气象资料。通过该工具可将气象站位置加载到当前工程，并为子流域分配气象资料。各子流域与加载的各类气象资料通过测站链接。

从“Write Input Tables”菜单中选择“Weather Stations”，显示“Weather Data Definition”对话框(图 2-135)。

“Weather Data Definition”对话框包含 6 个选项卡：Weather Generator Data、Rainfall Data、Temperature Data、Solar Radiation Data、Wind Speed Data 和 Relative Humidity Data。首先必须设置 Weather Cenerator Data 选项卡，否则用户无法输入其他数据。其他 5 个选项卡可从特定类型数据中选择模拟的气象数据或实测气象数据。

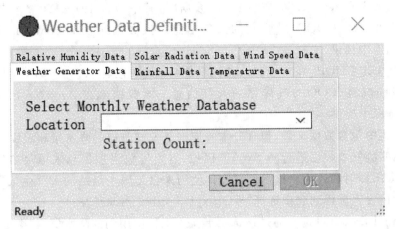

图 2-135 "Weather Data Definition"对话框

(1)"Weather Generator Data"选项卡:在该选项卡中(图 2-136),必须确定用以生成各种气象参数的数据。运用该选项卡中加载的数据,创建数据集的. wgn 文件。用于生成气象资料数据类型的更多信息,见《SWAT2009 理论基础》和《SWAT2009 输入输出文件手册》。气象站位置和天气发生器数据有两个来源:内置的 US 数据库或用户气象站数据库。

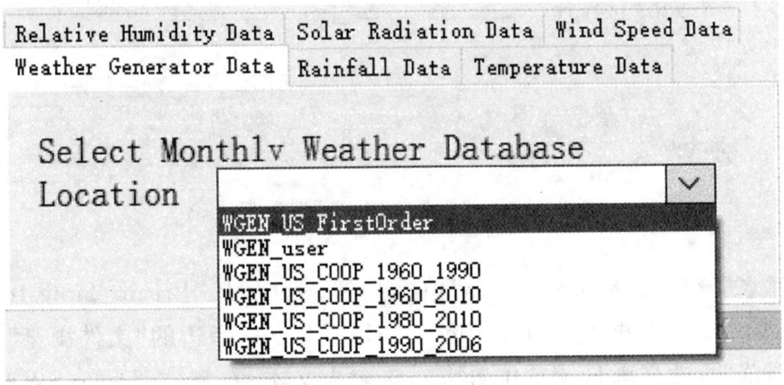

图 2-136 "Weather Generator Data"选项卡

①WGEN_US_FirstOrder:美国数据库,其中包含美国 1041 个一级气候站的天气信息。该数据库在 SWAT2012. mdb 数据库中提供,并且与早期版本的 ArcSWAT 中包含的天气数据库相同。

②WGEN_US_COOP_1960_1990:美国数据库,其中包含 1960—1990 年期间美国各地 18 072 个一级和二级(COOP)气候站的天气信息。该数据库在 ArcSWAT_WeatherDatabase. mdb 数据库中提供。

③WGEN_US_COOP_1960_2010:美国数据库,其中包含美国 1960—2010 年期间 18 254 个一级和二级(COOP)气候站的天气信息。该数据库在 ArcSWAT_WeatherDatabase. mdb 数据库中提供。

④WGEN_US_COOP_1970_2000：美国数据库，其中包含 1970—2000 年期间美国各地 16 555 个一级和二级（COOP）气候站的天气信息。该数据库在 ArcSWAT_WeatherDatabase.mdb 数据库中提供。

⑤WGEN_US_COOP_1980_2010：美国数据库，其中包含 1980—2010 年期间美国周围 16 553 个一级和二级（COOP）气候站的天气信息。该数据库在 ArcSWAT_WeatherDatabase.mdb 数据库中提供。

示例数据集中包含数据文件，包含分水岭周围气象站测得的降水量和温度。

对于使用实测气象数据进行的 SWAT 模拟，需要气象模拟信息来填写缺失的数据并生成相对湿度、太阳辐射和风速。该示例数据集使用来自美国一级站的天气生成器数据。从每月天气数据库位置表选择列表中选择"WGEN_US_First Order"表。

（2）"Rainfall Data"（可选）：通过该选项卡输入工程中用到的降水资料（图 2 - 137）。

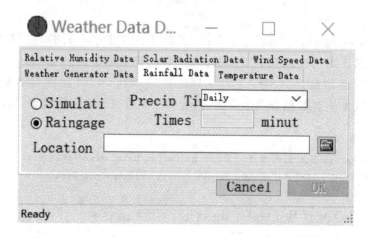

图 2 - 137 "Rainfall Data"选项卡（一）

要用实测降水资料，选择"Raingages"单选按钮，然后，从"Precip Timestep"下拉框中选择"Daily"或"Sub - Daily"，再点击"Locations Table"文本框旁边的"文件浏览"按钮。

通过文件浏览器，选择雨量测站位置表。该表为文本表，格式见"ArcSWAT 表格和文本文件"章节。

选择雨量测站位置表的名称（Example1 示例数据文件夹中 pcpfprk.txt），点击"Add"。关闭"文件浏览器"，"Locations Table"文本框中显示此位置表的路径（图 2 - 138）。

注意：各雨量测站的数据文件及雨量测站位置表，必须置于同一文件夹。

（3）"Temperature Data"选项卡（可选项）：输入工程中使用的实测气温资料（图 2 - 139）。

要用实测温度资料，选择"Climate Stations"单选按钮，再点击"Locations Table"文本框旁边的"文件浏览"按钮。

通过文件浏览器，选择温度测站位置表。该表为文本表，格式见"ArcSWAT 表格和文本文件"章节。

选择温度测站位置表的名称（Example1 数据文件夹中 tmpfprk.txt），点击"Add"。关闭文件浏览器，"Locations Table"文本框中显示此位置表的路径。

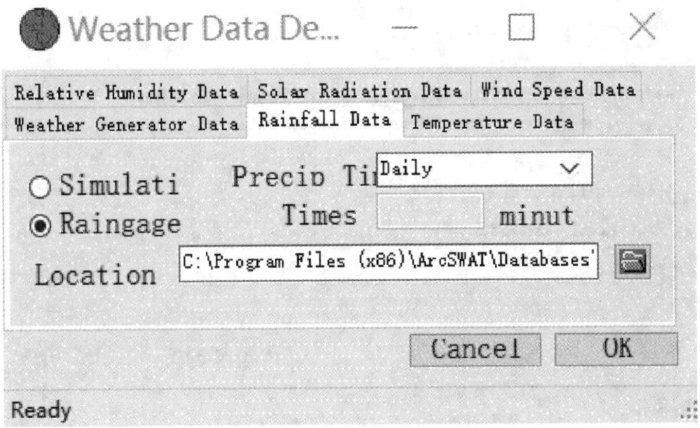

图 2-138 "Rainfall Data"选项卡(二)

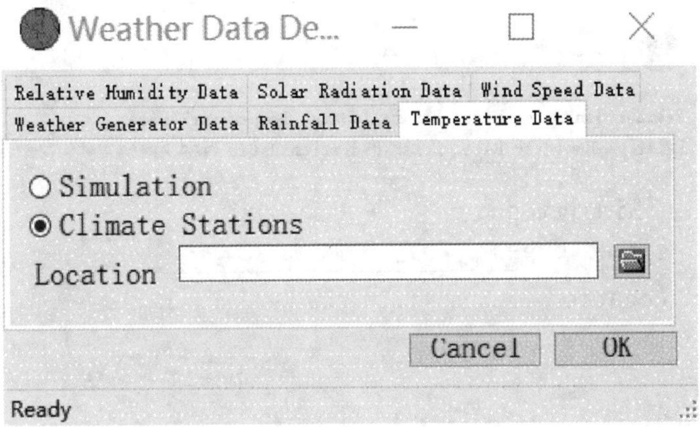

图 2-139 "Temperature Data"选项卡

注意：各温度测站的数据文件及位置表，必须置于同一文件夹。

(4)"Solar Radiation Data"选项卡（可选项）：输入工程中使用的实测太阳辐射资料（见图 2-140）。

要用实测太阳辐射资料，选择"Solar Gages"单选按钮，再点击"Locations Table"文本框旁边的"文件浏览"按钮。

通过文件浏览器，选择太阳辐射测站的位置表。该表为文本表，格式见"ArcSWAT 表格和文本文件"章节。

选择该太阳辐射测站位置表的名称，点击"Add"。关闭文件浏览器，"Locations Table"文本框中显示此位置表的路径。

注意：各太阳辐射测站的数据文件及位置表，必须置于同一文件夹。

(5)"Wind Speed Data"选项卡（可选项）：输入工程中使用的实测风速资料（见图 2-141）。

要用实测风速资料，选择"Wind Gages"单选按钮，再点击"Locations Table"文本框旁边的文件浏览按钮。

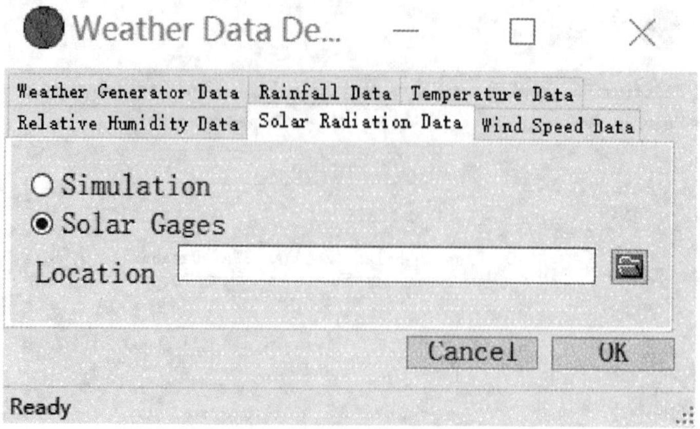

图 2-140 Solar Radiation Data 选项卡

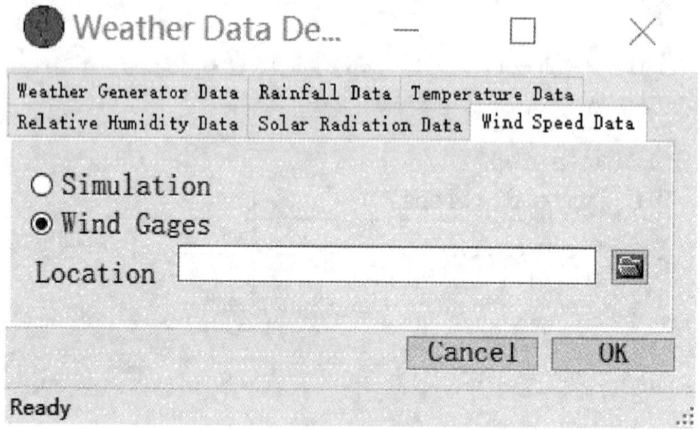

图 2-141 Wind Speed Data 选项卡

通过文件浏览器，选择风速测站位置表。该表为文本表，格式见"ArcSWAT 表格和文本文件"章节。

选择该风速测站位置表的名称，点击"Add"。关闭文件浏览器，"Locations Table"文本框中显示此位置表的路径。

注意：各个风速测站的数据文件及位置表，必须置于同一文件夹。

(6)"Relative Humidity Data"选项卡（可选项）：通过该选项卡可输入工程中使用的实测相对湿度资料（见图 2-142）。

要用实测相对湿度资料，选择"Relative Humidity Gages"单选按钮，再点击"Locations Table"文本框旁边的文件浏览按钮。

通过文件浏览器，选择湿度测站位置表。该表为文本表，格式见"ArcSWAT 表格和文本文件"章节。

选择湿度测站位置表的名称，点击"Add"。关闭文件浏览器，"Locations Table"文本框中显示此位置表的路径。

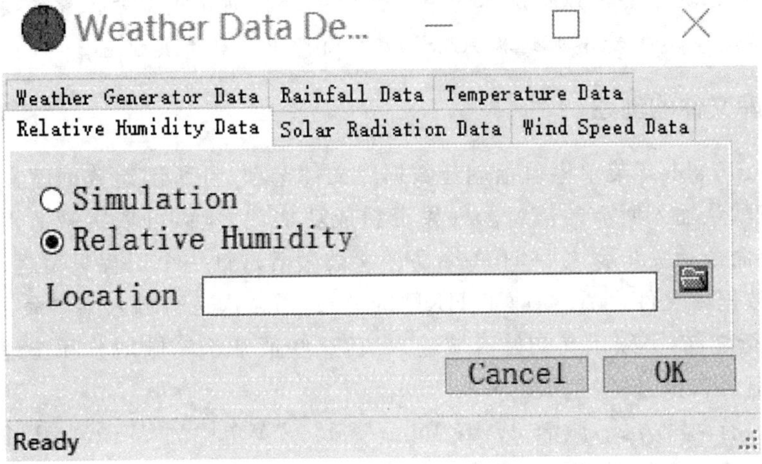

图 2-142 "Relative Humidity Data"选项卡

注意：各湿度测站的数据文件及位置表，必须置于同一文件夹。

在该示例中不需要定义太阳辐射、风速和相对湿度这些参数的测站文件。

3. 要生成气象测站的空间图层，并向 SWAT 气象文件中加载实测气象数据，点击"Weather Data Definition"对话框底部的"OK"按钮，将会把各气象站数据集分配到流域中的子流域。

点击"OK"按钮，开始气象数据库的设置。

①流域的数据来自最近的气象站。

②用-99.0 表示跳过的逐日数据及实测气象记录，这样所有记录的起始和结束日期相同。其中，起始日期定义为记录中实测气候数据起始日期中的最早日期，而结束日期定义为记录中的最迟结束日期。在模型运行期间，识别-99.0，并运用天气发生器生成的数值来替代该数据。

4. 气象数据处理完成时，弹出一个提示框（图 2-143），点击"OK"按钮。

图 2-143 "Processing complete"消息框

注意：由于适用于 SWAT 2012 的 ArcSWAT 在不使用 ESRI ArcObjects 的情况下执行了所有天气处理，因此不会像以前版本的 ArcSWAT 那样创建气象站位置的要素类。用户可以将气象站位置要素类手动添加到其 ArcSWAT 项目中以查看其位置。

(四)数据库文件的创建

"WriteInput Tables"菜单栏包括创建数据库文件选项，且所创建数据库文件包含用于创建 SWAT 生成默认输入所需的信息。气象资料成功加载之后，可依次激活 Write 的各命令（只有完成之前命令相关步骤之后，下一个命令才被激活），且一个工程只需运行一次。但是，如果创建输入数据库文件之后，修改了 HRU 的分布，需再次运行输入菜单命令。

SWAT 运行之前，必须定义初始流域输入值，这些值基于流域划分和土地利用/土壤/坡度特征或默认值，由自动设置生成。

创建初始值有两种方式：激活"Write Input Tables"菜单中的"Write All"命令或"Individual Write"命令，绝大多数用户都选择第一种方式。

(1)从"Write Input Tables"菜单中选择"Write SWAT Input Table"，出现如下界面(图 2-144)。

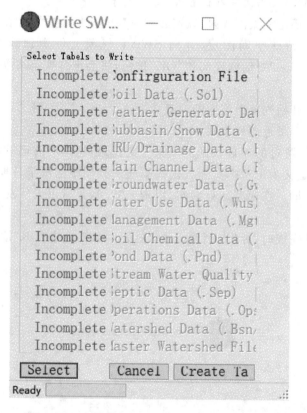

图 2-144 "Write SWAT Input Table"选项卡

(2)用户现在可以选择一次向 SWAT 项目数据库写入 1 个表，也可以选择写入所有表。必须按特定顺序写入表，这要求在写入其他表之前，不能启用写入某些表的功能。表写入的状态由每个表名称旁边的"未完成"或"完成"消息指示。准备运行 SWAT 之前,所有表的状态都必须为"已完成"。

(3)选择"全选"并单击"创建表"将启动使用默认值创建和填充所有 SWAT 表的过程。在此过程中将出现几则消息。

(4)为了估算植物达到成熟所需的热量单位,将提出以下问题：

只能为北半球的分水岭选择"是"。如果单击"是",则将根据内部天气生成器数据库中存储的本地气候参数来计算植物热量单位。

如果单击"否",则默认值 1800 热单位将应用于所有农作物。可以通过 ArcSWAT.MGT 编辑界面编辑此默认值(图 2-145)。

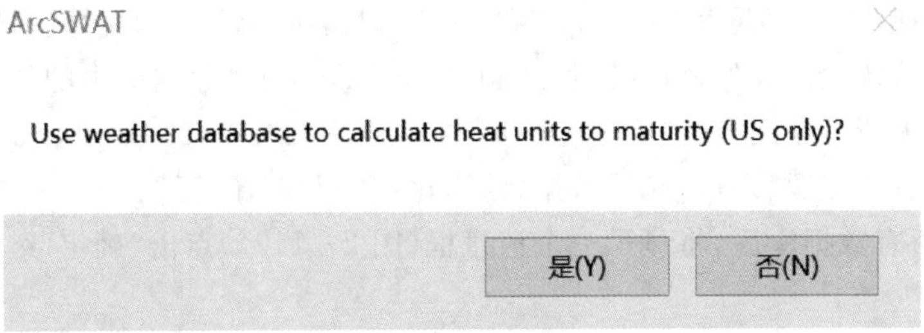

图 2-145 消息框(一)

(5)写入 fig.fig 文件时,还将写入点源、入口和储层的输入表。当选择编写 fig.fig 时,将询问是否要重写这些文件(图 2-146～图 2-148)。

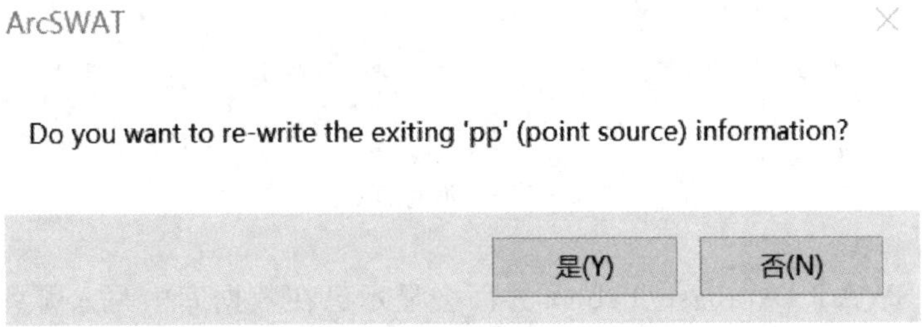

图 2-146 消息框(二)

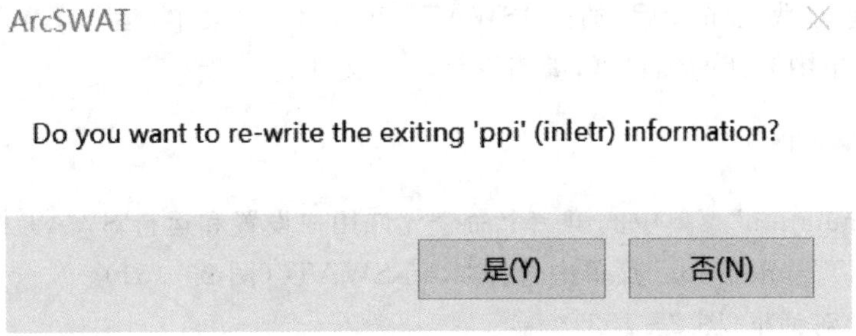

图 2-147 消息框(三)

图 2-148　消息框（四）

如果用户选择"Yes"以重写"pp""ppi"和"res"信息，则 SWAT 项目数据库中的那些表将重新设置为包含默认值。此外，以前已加载到 ArcSWAT 项目数据库中的任何点源或入口时间序列数据都将重新打印到 SWAT TxtInOut 文件夹中的". dat"文件中。如果已经加载了不想覆盖或重新加载的点源/入口/储层数据，请为这些问题选择"否"。

（6）创建完所有数据库后，将显示一个消息框（图 2-149），点击"确定"继续。

图 2-149　消息框（五）

这时，Write SWAT Database Tables 界面会显示已在数据库中写入哪些表（图 2-150）。SWAT 表名称旁边的绿色完成标签表明该表已成功写入。在使用 SWAT 项目的任何时候，用户都可能回到这一点并重新编写其 SWAT 模型的默认输入表。

（7）写入所有的默认输入后，通过"SWAT Simulation"菜单，运行 SWAT 或使用"Edit SWAT Input"菜单中激活的编辑器，编辑默认输入文件。

（五）运行 SWAT

"SWAT Simulation"菜单中的第一个命令允许用户设置和运行 SWAT 模型。

（1）从"SWAT Simulation"菜单中选择"Run SWAT"（图 2-151）。

（2）弹出一个对话框（图 2-152）。

（3）该对话框包含几个部分，用户可以在其中定义用于模拟各种过程的选项。

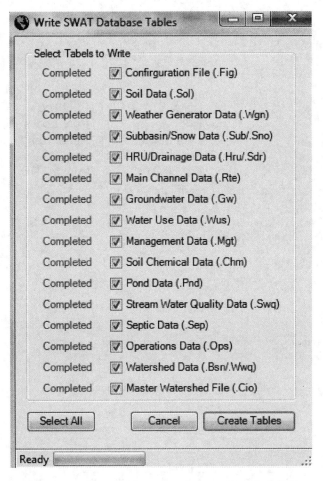

图 2-150 "Write SWAT Database Tables"完成界面

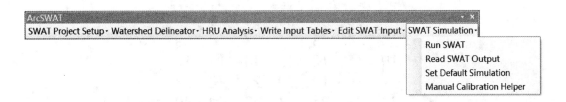

图 2-151 "SWAT Simulation"界面

①"Period of Simulation"组件框：使用每个文本框右侧的日历按钮指定模拟的开始和结束日期（图 2-152）。单击日历按钮将启动日历对话框，选择日期（图 2-153、图 2-154）。

本例中，模拟的初始日期和终止日期设置为实测气象数据的第一天和最后一天。将这些值设置为"1/1/1977"和"12/31/1978"。将打印输出设置为每月频率。保留所有其他设置。

②"Rainfall Sub-Daily Timestep"组件框：当模拟中用到日以下时间步长降水数据时，通过该组件框定义时间步长。

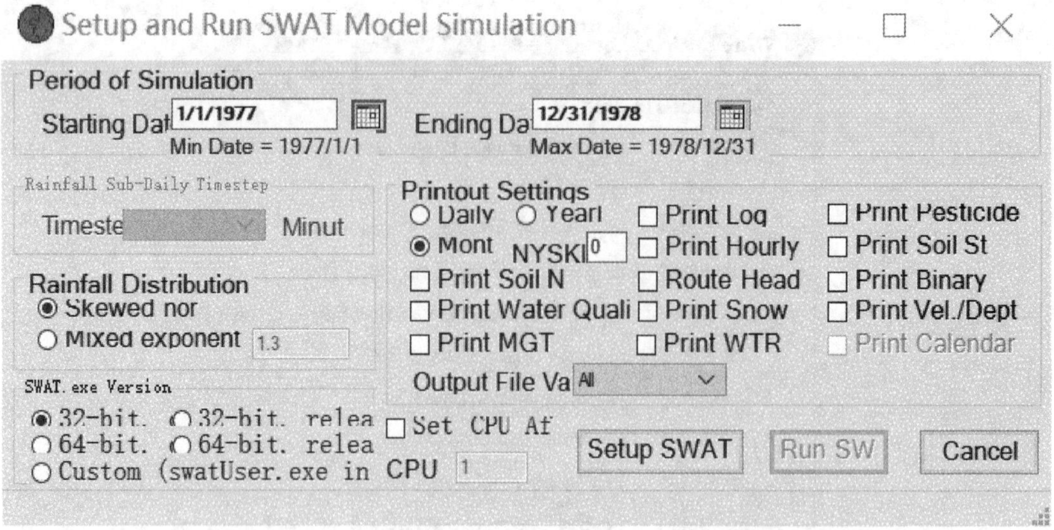

图 2-152 "Run SWAT"选项卡

图 2-153 "Period of Simulation"组件框

图 2-154 日历选择界面

③"Rainfall Distribution"组件框：用于生成降水分布，有两个单选按钮（Skewed normal 和 Mixed exponential）。选择"Mixed exponential"时，可在文本框中指定指数值（图 2-155）。

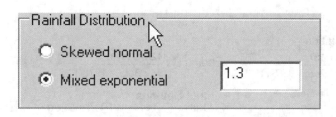

图 2-155 "Rainfall Distribution"组件框

④"Printout Settings"组件框:控制打印输出的频率和可选输出文件的打印。

⑤"SWAT.exe version"组件框:swat.exe 版本的选项可用于 32 位和 64 位操作系统。SWAT 崩溃时,"debug"版本会提供详细的消息,以帮助查明原因。"release"版本不包含崩溃时的详细传递消息,但是,"release"版本的执行速度比调试版本要快得多。选择"自定义(swatUser.exe)"选项使用户可以运行自己的 SWAT 版本。用户的 swat 可执行文件必须命名为"swatUser.exe",并且位于 ArcSWAT 安装文件夹中。

(4)一旦定义了所有选项和参数。单击"Setup SWAT Run"按钮,此按钮根据基于"Set Up and Run SWAT model Simulation"对话框中定义的设置生成最终输入文件。该过程中执行的主要任务包括准备主流域文件("file.cio"),准备水库出水量、点源和入水口流量数据。如遇错误,将弹出错误消息框。如果设置成功,将显示以下消息(图 2-155)。

(5)随后,"Run SWAT"按钮被激活(图 2-156)。

图 2-156 "Finished SWAT Setup"消息框

(6)点击"Run SWAT"按钮,运行模型(图 2-157)。

(7)当模拟结束时,弹出一个消息框。

如果完成整个模拟期之前,模拟结束,消息框将显示运行失败(图 2-158)。点击"确定"。检查输入后,再次运行。

如果模拟正确结束,消息框将显示运行成功(图 2-159)。

点击"确定",完成运行。

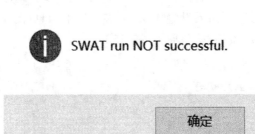

图 2-157 "Run SWAT"选项卡

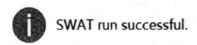

图 2-158 "SWAT run NOT successful."消息框

图 2-159 "SWAT run successful."消息框

第三章 土壤数据库的构建

土壤数据库分为空间土壤数据、土壤属性(物理、化学)数据,关系着地表径流的产流机制及污染物在土壤中的迁移转化过程。空间土壤数据显示所研究区域的土壤空间分布情况,土壤物理属性用以控制土壤内部的水气运动,土壤化学属性用以控制土壤所含化学物质的初始含量。

第一节 土壤空间数据

土壤空间数据库主要是指土壤的类型图,包含土壤的种类、各土类的分布、各土类的面积、各土类的周长等信息,是生成SWAT模型水文响应单元的基础。这些数据空间异质性很强,不仅呈现的内容丰富、信息完备,而且其属性表还能起到链接土壤属性信息和土壤空间数据的作用。所以,获取准确的、高质量的土壤空间数据不仅是建立SWAT土壤数据库的先决条件,更是进行SWAT模型模拟的基础。

本例中,土壤空间数据来源于联合国粮食及农业组织(FAO)和维也纳应用系统分析研究所(IIASA)所构建的世界土壤数据库(Harmonized World Soil Database,HWSD),中国境内数据源为第二次全国土地调查南京土壤所提供的1∶100万土壤数据。

第二节 土壤属性数据

SWAT模型的土壤属性数据包含水文、作物生长、营养元素分配等参数,与研究区域内水、沙等的迁移转化过程密切相关,决定着流域内产流机制和产沙机制。土壤属性数据主要包括两大类:物理属性和化学属性。其中物理属性数据库为必需的,化学属性数据库为可选的。土壤的物理属性决定了土壤剖面中水和气的运动状况,并且对水文响应单元中的水循环起着重要作用;化学属性数据库主要用来给氮、磷等污染物的浓度赋初始值。本研究所建的数据库为物理属性数据库。

本例选用的HWSD采用的FAO制与USDA(United States Departmert of Agriculture)的美制基本是相同的,由HWSD自带的说明文档亦可知,二者之间不必进行粒径转换。因此采用HWSD可以降低由粒径转换带来的误差,同时降低建立SWAT模型土壤数据库的难度。

由于历史原因,在我国已经进行过的两次土壤普查中,第一次采用了苏联制(卡钦斯基制),第二次则采用了国际制。本例查询得到的土壤粒径百分比是基于全国第二次土壤普查所得，采用的单位是国际制。而 SWAT 中采用的单位是 USDA 简化的美制（表 3-1）。选用我国土壤数据，在建模前需要将国际制土壤粒径转换成模型所需要的美国制，采用 3 次样条插值法进行土壤粒径转换。

表 3-1 土壤粒径分类标准比较

美国制/mm	国际制/mm
黏粒（＜0.002）	黏粒（＜0.002）
粉粒（0.05～0.002）	粉粒（0.002～0.02）
砂粒（0.05～2.0）	细砂粒（0.02～0.2）
—	粗砂粒（0.2～2）

本例将 SWAT 模型土壤数据库划分为 3 类：第 1 类为可从 HWSD 直接获取的参数；第 2 类为可借助其他方法间接计算的参数；第 3 类为难于获取，采用模型默认值的参数。这些参数中，土壤化学参数包括各种物质的含量，其来源如表 3-2 所示。

表 3-2 土壤化学参数及其来源

变量名称	模型定义	来源
SOL_ORGN(layer#)	土壤中有机氮的初始浓度(mg/kg)	全国第二次土壤普查数据
SOL_NO$_3$(layer#)	土壤中 NO$_3$ 的初始浓度(mg/kg)	
SOL_SOLP(layer#)	土壤中可溶解态磷的初始浓度(mg/kg)	

土壤物理属性即土壤水文传导参数，涉及按土壤类型输入的土壤底层深度、所属水文单元组（soil hydrologic group）、植被根系最大深度、土壤空隙比等参数和按土壤层输入的土壤表面到各土壤层深度、土壤容重、有效田间持水量、饱和导水率、每层土壤中 USLE 方程中的土壤可蚀性值、沙粒含量、黏粒含量、粉沙含量、砾石含量、田间反照率及电导率等参数，物理参数及其来源如表 3-3 所示。

表 3-3 土壤物理参数及其来源

变量名称	模型定义	来源
SNAM	土壤名称	HWSD 参数-SU_SYM90
NLAYERS	输入的土壤层数	自定义，本项目设定 1～3 层
HYDGRP	土壤水文学分组（A、B、C 或 D）	根据 SOL_K 判定
SOL_ZMX	土壤剖面最大根系深度(mm)。范围：0.00～3500.00 mm	HWSD 参数 REF_DEPTH 说明部分
ANION_EXCL	土壤阴离子交换孔隙度。模型默认值：0.5，范围：0.01～1.00	可选参数，默认值

续表 3-3

变量名称	模型定义	来源
SOL_CRK	土壤剖面最大裂缝体积,用占土壤体积的比例表示。模型默认值:0.5	可选参数,默认值
TEXTURE	土壤层的结构,模型不处理该数据,为可选项	
SOL_Z	土壤表层到土壤底层的深度(mm)。范围:0.00～3500.00	HWSD 参数 REF_DEPTH 说明部分
SOL_BD	土壤容重(g/cm³),范围:1.10～2.50	利用现有参数计算
SOL_AWC	土壤的有效含水量(mm/mm),范围:0.00～1.00	HWSD 参数-AWC
SOL_K	土壤的饱和渗透系数(mm/hr),范围:0.00～2000.00	利用现有参数计算
SOL_CBN	土壤中的有机碳含量(%),范围:0.05～10.00	HWSD 参数-OC
CLAY	黏粒指粒径小于 0.002 mm 的土壤颗粒含量(%)	HWSD 参数-CLAY
SILT	粉粒指粒径介于 0.002～0.05 mm 之间的土壤颗粒含量(%)	HWSD 参数-SILT
SAND	砂粒指粒径介于 0.05～2.0 mm 之间的土壤颗粒含量(%)	HWSD 参数-SAND
ROCK	砾石指粒径大于 2.0 mm 的小石子的含量(%)	HWSD 参数-GRAVEL
SOL_ALB	湿土对太阳辐射的反射率(%),范围:0.00～0.25	统一设定为 0.1
USLE_K	通用土壤流失方程中的土壤侵蚀因子 K,范围:0.00～0.65	利用现有参数计算
SOL_EC	土壤电导力	默认为 0

注意:加粗为可直接利用/设定的参数。

第三节 数据库参数获取

打开示范流域通过 SWAT 模型划分流域后的 SWAT2012.mdb,将 usesoil 导出为 excel(表 3-4)。根据表 3-4,由 HWSD 表获取的参数包括 SNAM、SOL_ZMX、SOL_Z1、SOL_AWC1、SOL_CBN1、CLAY1、SILT1、SAND1、ROCK1、SOL_ALB1;自设及可选参数包括 NLAYERS、ANION_EXCL、SOL_CRK、TEXTURE、SOL_EC1。HYDGRP 可以根据算出的 SOL_K 来判定。MUID、SEQN、S5ID、CMPPCT 字段是美国数据特有的,其他地方不需要这些字段的内容,可以参照示例随意填写,本例中,将示范流域土壤 VALUE 与 S5ID 对应值填到 MUID 处。

(1)初始参数获取:根据中国科学院"十一五"信息化建设专项"数据应用环境建设和服务"项目提供的《中国土壤数据库》以及全国第二次土壤普查成果《中国土壤》,并结合实地土壤剖面调查,可得各土壤类型的剖面最大根系深度(SOL_ZMX)、各土壤表层到土壤底层的深度(SOL_Z)、土壤粒径(CLAY、SILT、SAND)百分比、砾石(ROCK)含量以及土壤有机质含量。采用国际上通用的 Bemmelan 的研究成果:有机质含量的 58%(即为碳含量转换系数)计算得到土壤有机碳含量(SOL_CBN)。其余相关参数结合《中国土壤数据库》相关成果和 HWSD 相关参数综合判定。

表 3-4 SWAT2012 土壤数据库 usesoil

OBJECTID	MUID	SEQN	SNAM	S5ID	CMPPCT	NLAYERS	HYDGRP	SOL_ZMX	ANION_EXCL	SOL_CRK	TEXTURE	SOL_Z1	SOL_BD1	SOL_AWC1	SOL_K1	SOL_CBN1	CLAY1	SILT1	SAND1	ROCK1	SOL_ALB1	USLE_K1	SOL_EC1
91	VT016	19	SHEEPSCOT	ME0089	3	4	B	1651	0.5	0.5	FSL-GR-FSL	76.2	1.15	0.17	450	2.33	4	34.85	61.15	9.55	0.01	0.17	0
92	VT017	8	WALLKILL	NY0053	3	4	C	1828.80005	0.5	0.5	SIL-GR-L-SP	203.2	1.27	0.21	11	4.65	18.5	54.4	27.1	2.47	0.01	0.37	0
93	VT017	11	BIRDSALL	MA0033	3	3	D	1524	0.5	0.5	SIL-VFSL-VF	228.6	1.05	0.22	9.4	2.91	9.5	69.16	21.34	0	0.01	0.49	0
94	VT049	6	RAYNHAM	VT0005	6	3	D	1828.80005	0.5	0.5	SIL-VFSL-VF	152.4	1.35	0.22	14	3.78	9.5	69.16	21.34	1.29	0.01	0.49	0
95	VT049	21	DEERFIELD	MA0013	1	3	B	1651	0.5	0.5	LFS-S-S	228.6	1.1	0.12	500	1.45	4.5	16.44	79.06	4.41	0.01	0.17	0
96	VT050	5	ELDRIDGE	VT0009	1	3	C	1651	0.5	0.5	LFS-FS-FS	228.6	1.5	0.14	650	1.74	3	16.7	80.3	2.86	0.01	0.24	0
77	VT007	17	SACO	CT0013	3	3	D	1524	0.5	0.5	SIL-VFSL-VF	304.8	1.2	0.23	11	1.74	9.5	69.16	21.34	0	0.01	0.49	0
77	VT007	19	RIPPOWAM	CT0065	3	4	D	1651	0.5	0.5	FSL-FSL-GRV	127	1.23	0.2	450	3.78	4	69.16	21.34	4.89	0.01	0.2	0
78	VT008	2	BOMOSEEN	VT0095	10	3	C	1651	0.5	0.5	FSL-CNV-FSL	203.2	1.15	0.18	20	3.2	4	34.85	57.09	6.82	0.01	0.32	0
28	VT030	19	WINOOSKI	MA0023	2	2	B	1524	0.5	0.5	SIL-LVFS	203.2	1.25	0.21	5.1	2.33	10	57.09	32.91	6.82	0.01	0.32	0
29	VT032	9	KARS	NY0228	4	3	A	1524	0.5	0.5	FSL-GRV-SL-	279.4	1.25	0.14	77	2.03	11.5	67.63	20.87	1.2	0.01	0.49	0
30	VT032	13	BENSON	NY0002	1	3	D	558.799988	0.5	0.5	L-CNV-L-UW-	127	1.4	0.16	19	2.33	20	26.01	42.17	8.88	0.01	0.28	0
31	VT033	17	NELLIS	NY0211	1	4	B	1828.80005	0.5	0.5	SIL-GR-FSL	177.8	1.45	0.17	20	2.33	11.5	37.83	32.36	12.77	0.01	0.32	0
32	VT033	20	MELROSE	ME0034	1	3	C	1651	0.5	0.5	FSL-FSL-C	177.8	1.15	0.19	240	2.91	7.5	56.14	32.36	10.16	0.01	0.28	0
33	VT033	21	WHATELY	ME0035	1	3	D	1651	0.5	0.5	FSL-FSL-C	177.8	1.13	0.2	280	3.78	7.5	27.18	65.32	1.1	0.01	0.28	0
34	VT034	12	LYME	NH0042	4	3	C	1524	0.5	0.5	STV-FSL-SL-	177.8	1.13	0.08	150	3.78	6.5	27.48	66.03	40	0.01	0.24	0
35	VT035	18	MARLOW	NH0010	1	4	C	1651	0.5	0.5	STV-L-FSL-F	152.4	1.15	0.09	46	0	7.5	45.18	47.32	0	0.23	0.2	0
36	VT035	18	WORDEN	VT0070	2	3	C	1651	0.5	0.5	L-GR-SL-GR	50.8	1.15	0.19	110	3.49	7.5	45.18	47.32	4.29	0.01	0.49	0
37	VT036	7	WILMINGT	VT0082	7	3	C	1651	0.5	0.5	STV-FSL-FSL	50.8	0.85	0.12	210	3.49	6.5	27.48	66.03	40	0.01	0.43	0
38	VT036	20	MUNDAL	VT0079	1	3	D	2286	0.5	0.5	STV-FSL-FSL	150	0.85	0.08	150	0	6.5	27.48	66.03	40	0.01	0.43	0
39	VT037	14	MONADNOK	NH0035	2	3	B	1651	0.5	0.5	STV-FSL-FSL	127	1	0.09	220	0	4.5	34.67	60.83	40	0.23	0.24	0
40	VT004	17	KILLINGTO	VT0097	2	3	C	457.200012	0.5	0.5	STV-L-GRV-F	25.4	0.8	0.11	63	3.49	7.5	45.18	47.32	45.89	0.01	0.32	0
41	VT006	6	ENCHANTE	ME0024	5	4	B	1193.80005	0.5	0.5	STV-SIL-CN-	76.2	1.05	0.11	34	0.58	5.5	58.02	36.48	40	0.08	0.15	0
42	VT006	8	HOGBACK	VT0077	5	3	D	406.399994	0.5	0.5	STV-FSL-FSL	50.8	0.8	0.12	160	3.49	7.5	27.18	65.32	40	0.01	0.43	0
43	VT037	17	PITTSFIELD	MA0015	3	4	B	1651	0.5	0.5	STV-FSL-FSL	228.6	1.5	0.09	140	3.49	6	34.12	59.88	40	0.01	0.2	0
44	VT038	14	RAWSONVI	VT0081	2	3	C	736.599976	0.5	0.5	BtV-FSL-FSL	50.8	0.85	0.12	210	2.91	6.5	27.48	66.03	40	0.01	0.43	0
45	VT040	2	LONDONDE	VT0043	9	4	C	152.399994	0.5	0.5	SIL-FSL-UWI	50.8	1.2	0.19	78	3.49	4.5	58.63	36.87	6.08	0.01	0.43	0
46	VT040	7	STRATTON	VT0054	5	3	B	431.799988	0.5	0.5	SIL-FSL-GR-	101.6	1.15	0.19	89	3.49	4	58.94	37.06	10.48	0.01	0.49	0
47	VT040	9	GLEBE	VT0092	5	3	C	660.400024	0.5	0.5	STV-VFSL-V1	203.2	0.9	0.15	550	8.14	4	35.71	60.29	37.06	0.01	0.43	0
48	VT040	14	HOUGHTON	VT0074	4	3	C	1651	0.5	0.5	SIL-SICL-SIC	101.6	0.85	0.12	210	3.49	6.5	27.48	66.03	40	0.01	0.43	0
97	VT050	17	BUXTON	ME0043	3	3	C	1651	0.5	0.5	SIL-SICL-SIC	203.2	1.05	0.22	6.5	3.2	22.5	52.72	24.78	1.01	0.01	0.32	0
98	VT050	15	SUNNY	VT0110	2	3	C	1651	0.5	0.5	SIL-VFSL-GR	203.2	1.33	0.19	20	2.33	10	57.09	32.91	2.56	0.01	0.32	0
99	VT051	15	LUPTON	MI0090	2	3	A	1651	0.5	0.5	MUCK-MUCK	254	0.3	0.35	58	9.88	10	45	45	0	0.01	0.1	0
100	VT051	18	DUMMERST	VT0086	3	3	B	1651	0.5	0.5	STV-SIL-CN-	76.2	1.1	0.12	34	1.74	6	57.71	36.29	40	0.01	0.28	0
101	VT052	12	WESTBURY	NY0055	5	4	D	1828.80005	0.5	0.5	SIL-FSL-GR-	203.2	1.05	0.11	200	2.91	7.5	27.18	65.32	40	0.01	0.24	0
102	VT053	12	FULLAM	VT0087	5	3	B	1651	0.5	0.5	SIL-CN-FSL	152.4	1.1	0.17	43	1.74	6	57.71	36.29	6.67	0.01	0.32	0
103	VT053	18	VERSHIRE	VT0035	4	4	B	787.400024	0.5	0.5	STV-FSL-VFl	101.6	1.1	0.09	86	1.45	11	25.35	63.65	40	0.01	0.32	0
104	VT055	6	TUNBRIDGE	VT0075	6	4	C	736.599976	0.5	0.5	STV-FSL-GR-	76.2	1	0.11	220	2.91	7	27.33	65.67	40	0.01	0.2	0
105	VT056	14	SHELBURNE	MA0085	3	3	C	1651	0.5	0.5	STV-FSL-FSL	152.4	1.17	0.09	190	2.91	5	34.48	60.52	40	0.23	0.2	0

(2) 土壤水文学分组（HYDGRP）的确定：土壤产流能力主要受土壤属性影响，在温润条件完全并且不冻的情况下土壤所具备的最小下渗率属性对土壤的产流能力影响较大，土壤水文分组的主要影响因子有饱和水力传导率、季节性高水文深度和下渗深度。土壤水文单元信息见表3-5。

表3-5 土壤水文分组单元

水文分组	土壤水分性质	土壤最小下渗率/$(mm \cdot h^{-1})$
A	在湿润条件完全的情况下具备较高渗透率的土壤。这类土壤主要由排水和导水能力都很强的沙砾石组成。如厚层沙土、厚层黄土、团块化粉沙土	7.26～11.43
B	在湿润条件完全的情况下具备中等渗透率的土壤。主要由排水、导水能力和结构都中等的薄层黄土、沙壤土组成	3.81～7.26
C	在湿润条件完全的情况下具备较低渗透率的土壤。这类土壤存在一个土层，可阻碍水流向下运动，导致下渗率较低。一般由有机质含量低且黏质含量高的黏壤土、薄层沙土、沙壤土组成	1.27～3.81
D	在湿润条件完全的情况下具备很低渗透率的土壤。这类土壤主要由吸水后膨胀显著且导水能力很低的塑性黏土、盐渍土组成。土壤具有涨水能力高的特点，大多有一个永久的水位线存在，地表上是黏土层，但对产流影响不显著	0～1.27

(3) 湿土反射率的确定：湿土反射率（SOL_ALB）的大小主要取决于土壤颜色的深浅、土壤有机质含量的高低和土壤含水量的多少。通常，在土壤颜色越深、有机质含量越高、土壤含水量越多的情况下，土壤的湿土反射率越小。采用地表反照率（SOL_ALB）与有机碳含量（SOL_CBN）之间的经验关系式进行湿土反射率的确定。

$$SOL\_ALB = 0.2227 \exp(-1.8672 SOL\_CBN) \tag{3-1}$$

(4) 土壤侵蚀因子的确定：SWAT模型中运用修正的通用土壤流失方程MUSLE，来计算由降雨和径流引起的侵蚀。采用Wischmeier和Smith提出的方程，可以进行土壤可蚀性因子的测定。

$$K = \frac{0.00021 \times M^{1.14}(12 - OM) + 3.25 \times (c_s - 2) + 2.5 \times (c_p - 3)}{100} \tag{3-2}$$

式中：OM是有机质含量，%；M是颗粒尺度参数，计算方法为（粉砂百分数+极细砂百分数）×（100-黏粒百分数）；c_s是结构代码；c_p是坡面渗透性等级，共6个等级。

具体计算方法如下：

$$K = f_c \cdot f_{cl-ci} \cdot f_o \cdot f_h \tag{3-3}$$

这些因子的计算式如下：

$$f_c = 0.2 + 0.3 \exp\left[-0.256 \cdot m_s \cdot (1 - \frac{m_i}{100})\right] \tag{3-4}$$

$$f_{cl-ci} = \left(\frac{m_i}{m_c + m_i}\right)^{0.3} \tag{3-5}$$

$$f_o = 1 - \frac{0.25 Corg}{Corg + \exp(3.72 - 2.95 Corg)} \tag{3-6}$$

$$f_h = 1 - \frac{0.7(1 - \frac{m_s}{100})}{(1 - \frac{m_s}{100}) + \exp\left[-5.51 + 22.9(1 - \frac{m_s}{100})\right]} \tag{3-7}$$

式中：m_s 表示沙粒（直径为 0.05～2.00 mm 的颗粒）的含量，%；m_i 表示粉粒（直径为 0.002～0.05 mm 的颗粒）的含量，%；m_c 表示黏粒（直径<0.002 的颗粒）的含量，%；Corg 表示该层中有机碳的含量，%。

（5）土壤水分参数的确定：土壤的水分参数包括土壤的有效含水量（SOL_AWC），土壤容重（SOL_BD）及饱和渗透系数（SOL_K）等。

采用美国华盛顿州立大学开发的 SPAW（Soil-Plant-Air-Water）软件，将转换出来的黏粒（clay）、砂粒（sand）等粒径参数，结合土壤有机质（organic matter）、含盐度（salinity）、砾石含量（gravel）等参数输入 SPAW 软件中精确地估算土壤的水分参数。

具体操作时，按表 3-6 将相应参数输入运行软件，将计算得到的凋萎系数（wilting point）的值输入 Moisture Calculator 处，即可得到 SWAT 模型所需的土层质地（texture）值 texture class、土壤容重（SOL_BD）值 metric bulk density、饱和水力传导系数（SOL_K）值 sat hydraulic cond 以及凋萎系数值 wilting point 和田间持水量值 field capacity。由凋萎系数（wilting point）和田间持水量（field capacity）可计算得出有效田间持水量值（SOL_AWC）。

表 3-6 SPAW 参数输入表

输入位置	HWSD 表参数	备注
sand	SAND	
clay	CLAY	
organic matter	OC/0.58	有机碳除以 0.58 为有机物质的含量
salinity	ECE	电导度（盐度）
gravel	GRAVEL	
compaction		正常压缩（1.0）
moisture calculator		先输入上面几个参数值，此处输入计算得到的凋萎系数（wilting point）值

以下为主要步骤：

① 从 FAO 网站下载 HWSD 数据，在 Arcgis 中裁剪出研究区示范流域的土壤栅格图，在属性表中查看 VALUE。VALUE 值为后面需要计算的各类土壤类型的唯一编号。

② 打开 HWSD.mbd，将 HWSD_DATA 导出为 excel。

③ 在 Arcgis 中打开从中国科学院南京土壤所获取的示范流域土壤矢量数据，打开属性表，查看 VALUE 值。

④ 通过 HWSD_DATA 表查询 MU_GLOBAL 和 VALUE 对应的行。新建 usesoil 表格，将 MU_GLOBAL 和 VALUE 对应的土壤参数全找到，将可在 HWSD 直接获取和自设及可选的参数数据复制到新表中（表 3-7 标处的字段），最终找到 HWSD 土壤数据库在 SWAT

表 3-7 示范流域 HWSD 土壤库参数

Value	FAO90土壤名 SU_SYM90	土壤质地 T_TEXTURE	土壤参考深度(cm) REF_DEPTH	砾石含量 T_GRAVEL	沙含量 T_SAND	淤泥含量 T_SILT	粘土含量 T_CLAY	土壤容重 T_REF_BULK_DENSITY	有机碳含量 T_OC	碳酸盐或石灰含量 T_CACO3	电导率 T_ECE
11000	LVh1	2	100	4	41	37	22	1.4	0.74	0	0.1
11001	PDd	2	100	1	31	54	15	1.43	1.59	0	0.1
11335	FLc1	1	100	10	79	15	6	1.66	0.41	9.1	0.4
11341	FLc2	2	100	15	34	48	18	1.41	0.6	11.7	0.7
11343	FLc3	2	100	15	34	48	18	1.41	0.6	11.7	0.7
11366	LXf	3	100	1	23	30	47	1.25	1.38	0	0.1
11369	LVx	3	100	4	27	27	46	1.26	1.2	0	0.1
11375	CMd1	2	100	10	42	38	20	1.41	1.45	0	0.1
11376	CMd2	2	100	10	42	38	20	1.41	1.45	0	0.1
11377	RGc	2	100	14	44	35	21	1.41	0.75	15	0.2
11389	RGd	2	100	19	42	37	21	1.41	1.39	0	0.1
11483	FLe	2	100	4	39	40	21	1.4	0.86	0.5	0.1
11604	ATc1	2	100	10	29	50	21	1.38	1.12	9.3	0.3
11605	ATc2	2	100	10	29	50	21	1.38	1.12	9.3	0.3
11617	ATc3	3	100	4	14	47	39	1.26	0.8	11.3	0.2
11627	ATc4	2	100	10	29	50	21	1.38	1.12	9.3	0.3
11645	ATc5	2	100	10	29	50	21	1.38	1.12	9.3	0.3
11647	ATc6	2	100	10	29	50	21	1.38	1.12	9.3	0.3
11653	ATc7	2	100	10	29	50	21	1.38	1.12	9.3	0.3
11654	ATc8	1	100	10	90	6	4	1.74	2.41	0	0.1
11663	GLe	2	100	4	37	40	23	1.38	1.07	0	0.1
11668	ATc9	2	100	10	29	50	21	1.38	1.12	9.3	0.3
11675	ATc10	2	100	10	29	50	21	1.38	1.12	9.3	0.3
11705	LPi1	2	30	13	56	38	6	1.61	1.41	0	0.1
11719	CMi	2	100	17	31	49	20	1.39	2.02	2.5	0.1
11724	LPm	2	30	6	35	45	20	1.4	3.02	0	0.1
11765	LPi2	2	30	13	56	38	6	1.61	1.41	0	0.1
11839	ALh1	2	100	8	40	37	23	1.39	1.16	0	0.1
11842	ALh2	2	100	8	40	37	23	1.39	1.16	0	0.1
11848	ALh3	3	100	7	24	33	43	1.26	1.08	0	0.1
11853	CMd3	2	100	10	42	38	20	1.41	1.45	0	0.1
11870	CMd4	2	100	10	42	38	20	1.41	1.45	0	0.1
11875	PLe1	3	100	4	38	18	44	1.29	0.98	0.2	0.1
11876	PLe2	2	100	4	42	38	20	1.41	1.06	0	0.1
11879	LVh2	2	100	4	41	37	22	1.4	0.74	0	0.1
11909	LVh3	2	100	4	41	37	22	1.4	0.74	0	0.1
11925	UR	0	0	0	0	0	0	0	0	0	0
11927	WR1	0	0	0	0	0	0	0	0	0	0
11928	WR2	0	0	0	0	0	0	0	0	0	0

注:加黑的参数,其数值可以直接利用。土壤容重和土壤质地可以作为参考。

中需要的变量参数,见表3-7(以 HWSD 数据库上层为例;HWSD 数据库有2层,上层用 T 表示,下层用 S 表示)。

打开 SPAW 软件的 SWC 模块,将单位换为 Metric(图3-1),根据表3-7查出的变量,以及表3-6,输入下面软件进行运算。

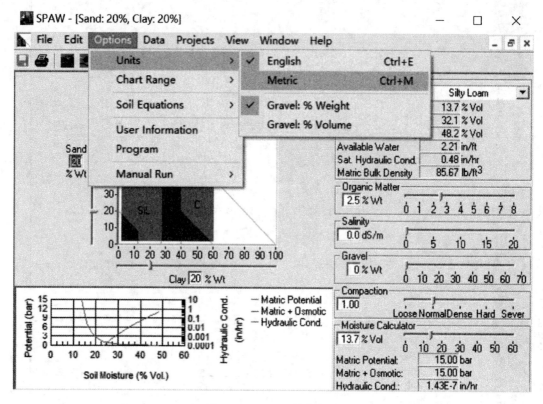

图3-1　SPAW 单位设置

此处以11 000的土壤类型为例,见图3-2。其中可以直接用的输出结果是 Texture(TEXTURE)、Available Water(SOL_AWC)、Sat. HydraulicCon.(SOL_K)、Matric Bulk Density(SOL_BD)。

至此,土壤分层的参数中,大部分参数均可得到。下层计算方法同上。在新建 usersoil 的表格中,将做好的土壤数据库中的数据依次填到每一个的后面,结果保存两位有效数字,无参数列一律填0。

针对 HWSD 数据库存在不同的 MU_GLOBAL 拥有相同的土壤名字有以下解决办法。

(1)如果土壤名相同,而土壤物理参数不同,需要对下面出现的土壤进行自定义(新类型的子土壤),推荐采用数字表示不同土壤,不同土壤在研究区内分布情况和土壤物理参数均不同。

(2)如果土壤名称相同,同时土壤名称对应的各类土壤物理参数也相同,考虑用同一个土壤名称,对其他土壤层利用 VALUE 值进行重分类即可。

第三章 土壤数据库的构建

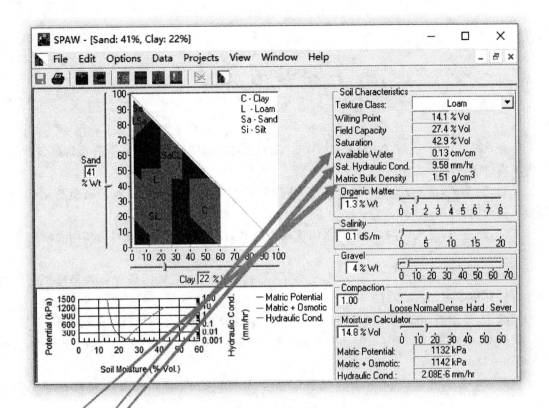

SOL_BD=Bulk Density
SOL_AWC=Field Capacity（田间持水量）-Wilting point（凋萎系数）
SOL_K=Sat. Hydraulic Cond.

图 3-2　SPAW 运算参数输入

主要参考文献

陈丹,张冰,曾逸凡,等,2015.基于 SWAT 模型的青山湖流域氮污染时空分布特征研究[J].中国环境科学(4):7.

陈岩,赵翠平,邰志云,等,2016.基于 SWAT 模型的滹沱河流域氨氮污染负荷结构[J].环境污染与防治,38(4):4.

丁洋,赵进勇,董飞,等,2020.妫水河流域农业非点源污染负荷估算与分析[J].水利水电技术,51(01):139-146.

杜娟,李怀恩,赵湘璧,等,2016.基于 SWAT 模型的渭河流域污染控制效果模拟[J].生态与农村环境学报,32(4):563-569.

贺缠生,傅伯杰,陈利顶,1998.非点源污染的管理及控制[J].环境科学(5):88-92.

黄国如,姚锡良,胡海英,2011.农业非点源污染负荷核算方法研究[J].水电能源科学,29(11):28-32.

金鑫,2005.农业非点源污染模型研究进展及发展方向[J].山西水利科技(1):15-17,26.

李峰,胡铁松,黄华金,2008.SWAT 模型的原理、结构及其应用研究[J].中国农村水利水电(3):24-28.

李凯,王永强,许继军,等,2022.基于 SWAT 模型的巴勒更河流域降雨-径流关系[J].长江科学院院报,39(4):8.

王磊,香宝,苏本营,等,2017.京津冀地区农业面源污染风险时空差异研究[J].农业环境科学学报,36(7):1254-1265.

王林霁,2019.SWAT 模型及其在水环境非点源污染研究中的应用[J].环境与发展,31(5):252-253.

张佳,霍艾迪,张骏,2016.基于 SWAT 模型的长江源区巴塘河流域径流模拟[J].长江科学院院报,33(5):6.

张丽娜,孙颖娜,申智鹏,2023.基于 SWAT 模型的寒区小流域径流模拟及径流成分研究[J].吉林水利(3):6.

张雪松,王萌,李志东,2022.ArcSWAT 模型在流域水环境管理中的应用进展[J].环境保护与循环经济,42(4):32-35,46.

CHEN L,XU Y Z,LI S,et al,2023. New method for scaling nonpoint source pollution by integrating the SWAT model and IHA-based indicators[J]. Journal of Environmental Management,325:116 491.

DASH B,2021. How reliable are the evapotranspiration estimates by Soil and Water Assessment Tool (SWAT) and Variable Infiltration Capacity (VIC) models for catchment-scale drought assessment and irrigation planning?[J]. Journal of Hydrology,592(1):125 838.

FEI X,DONG G,WANG Q,et al. ,2016. Impacts of DEM uncertainties on critical source areas identification for non-point source pollution control based on SWAT model[J]. Journal of Hydrology,540:355-367.

LIN F,CHEN X,YAO H,et al. ,2022. SWAT model-based quantification of the impact of land-use change on forest-regulated water flow[J]. Catena,211(2):105975.

LIU Y G,XU Y X,ZHAO Y Q,et al. ,2022. Using SWAT model to assess the impacts of land use and climate changes on flood in the Upper Weihe River,China[J]. Water,14(13):2098.

SANTOS F M D,dE OLIVEIRA R P,MAUAD F F. ,2020. Evaluating a parsimonious watershed model versus SWAT to estimate streamflow, soil loss and river contamination in two case studies in Tietê river basin,São Paulo,Brazil[J]. Journal of Hydrology:regional studies,29:100 685.

SCHUOL J ,ABBASPOUR K C,SRINIVASAN R,et al. ,2008. Estimation of freshwater availability in the West African sub-continent using the SWAT hydrologic model[J]. Journal of Hydrology,352(1/2):30-49.

SHI Y,XU G,WANG Y,et al. ,2017. Modelling hydrology and water quality processes in the Pengxi River basin of the Three Gorges Reservoir using the soil and water assessment tool[J]. Agricultural Water Management,182(Complete):24-38.

SUN L,NISTOR I,SEIDOU O,2015. Streamflow data assimilation in SWAT model using Extended Kalman Filter[J]. Journal of Hydrology,531:671-684.

WANG X,WANG Q,WU C,et al. ,2012. A method coupled with remote sensing data to evaluate non-point source pollution in the Xin'anjiang catchment of China[J]. Science of the Total Environment,430:132-143.

WANG Y P,JIANG R G,XIE J C,et al. ,2019. Soil and water assessment tool (SWAT) model:a systemic review[J]. Journal of Coastal Research:22-30.

YANG D W,YANG Y T,XIA J,2021. Hydrological cycle and water resources in a changing world:a review[J]. Geography and Sustainability,2(2):115-122.

ZHANG M,CHEN X,YANG S,et al. ,2021. Basin-scale pollution loads analyzed based on coupled empirical models and numerical models[J]. International Journal of Environmental Research and Public Health,18(23):12 481.